U0396207

实用型芳香植物

Practical aromatic plants

◎任全进 杨虹 练德华 唐成 等著

東南大學出版社
SOUTHEAST UNIVERSITY PRESS
·南京·

内容提要

《实用型芳香植物》共收录了芳香植物200余种，每种植物都配有色彩斑斓的写实照片。全书内容丰富，文字简洁，植物识别特征明显，图文并茂，对所搜集的各种芳香植物的拉丁名、科属、形态特征、生长习性、观赏价值、药用价值及食用价值等特性进行了精炼的概述，具有较高的知识性、实用性和科普鉴赏价值。

《实用型芳香植物》不仅是一本实用的植物指南，适合于园林规划设计、园林植物养护管理及园林、园艺、林学相关专业读者参考和选读，更是一本关于绿色生活与生态理念的传播手册。

图书在版编目(CIP)数据

实用型芳香植物 / 任全进等著. -- 南京 : 东南大学出版社, 2024. 11. -- ISBN 978-7-5766-1683-5

Ⅰ. Q949.97

中国国家版本馆CIP数据核字第2024H9J990号

策划编辑:陈　跃　　**责任编辑:**石凌波　　**责任校对:**子雪莲

封面设计:顾晓阳　　**责任印制:**周荣虎

实用型芳香植物

Shiyongxing Fangxiang Zhiwu

著　　者　任全进 等
出版发行　东南大学出版社
出 版 人　白云飞
社　　址　南京市四牌楼2号(邮编:210096　电话:025-83793330)
经　　销　全国各地新华书店
印　　刷　南京迅驰彩色印刷有限公司
开　　本　787 mm×1 092 mm　1/16
印　　张　15.25
字　　数　365千字
版　　次　2024年11月第1版
印　　次　2024年11月第1次印刷
书　　号　ISBN　978-7-5766-1683-5
定　　价　230.00元

《实用型芳香植物》编委会

主　任：任全进（江苏省中国科学院植物研究所）
吕海波（江苏省建筑园林设计院有限公司）

副主任：于金平（江苏省中国科学院植物研究所）
唐　成（无锡市园林工程有限责任公司）

委　员：杨　虹（江苏省中国科学院植物研究所）
练德华（上海棕源绿谷城镇建设有限公司）
许大为（江苏永威环境科技股份有限公司）
徐　丽（江苏省泗洪县住房和城乡建设局）
孙明明（南京市溧水区园林管理所）
施　燕（常州植物园）

主要著者：任全进　杨　虹　练德华　唐　成　许大为
吕海波　于金平

其他著者：徐　丽　孙明明　施　燕　邹荣仟　房振龙
戚家洪　戚雨芩

摄　　影：任全进　杨　虹　熊豫宁　刘兴剑　于金平
章利民

前言 / Foreword /

在繁忙的现代生活中，人们越来越渴望回归自然，寻找心灵的慰藉与健康的源泉。芳香植物，作为自然界的植物瑰宝之一，不仅以其独特的香气令人心旷神怡，而且蕴含了更为丰富的药用、食用及观赏价值等各种用途。

芳香植物是日常生活中观赏植物之一，它的出现使我们的环境变得更美，其芬芳色彩使得环境充满着愉悦氛围。芳香植物普遍具有较高的实用价值，在人类发展的历史岁月中，随处可见其踪迹。蟾宫折桂的向往，充分揭示出芳香植物在民间百姓生活中文化底蕴。其主要表现在：首先在医药、饮食、庆典等不同层面都是人们生活中不可或缺的点睛之物。其次所含的芳香性物质具有对人体有益的独特功效。其三近年来它的研究和应用日益收到人们的重视，因此，芳香植物经常被食用或药用，当前流行的芳香疗法正是基于各种芳香植物独特功效而产生的。芳香植物是昔日皇亲贵胄们的专用品，现已经像它们的馥郁芬芳那样渗透到现代人不同的生活层面。正是基于此背景，我们撰写了《实用型芳香植物》一书，旨在为广大读者提供一本实用、通俗易懂的芳香植物指南。

本书内容丰富，图文并茂，文字表述详实简练，植物识别特征明显，对各种芳香植物的形态特征、生长习性、观赏价值、药用价值、食用价值及其他用途进行了精炼概述，适合于从事植物学、医药卫生、保健康养、烹饪饮食、园林规划、设计、家庭园艺、园艺爱好者以及对自然和健康感兴趣的读者等人员阅读。本书还全面展示了芳香植物在日常生活中的应用潜力，通过本书的科学普及，读者不仅能够对芳香植物的各种用途有所了解，更能够在实际生活中灵活运用这些知识，提升生活品质，享受自然带来的美好。

《实用型芳香植物》在撰写中得到了中国花卉协会花文化分会、江苏省风景园林协会等单位的大力支持，至此表示衷心地感谢。由于作者水平有限，书中难免会有些遗漏不足，恳请广大读者批评指正。

任全进
江苏省中国科学院植物研究所(南京中山植物园)

2024年10月12日

目录 / Contents /

艾

菊科蒿属

Artemisia argyi Levl. et Van.

◆形态特征：多年生草本或略成半灌木状，植株有浓烈香气。主根明显，略粗长，直径达1.5厘米，侧根多。茎单生或少数，高80~150(250)厘米。叶厚纸质，上面被灰白色短柔毛，并有白色腺点与小凹点。头状花序椭圆形。瘦果长卵形或长圆形。花果期7~10月。

◆生长习性：耐寒、耐旱，喜温暖、湿润的气候，在潮湿肥沃的土壤上生长较好。

◆观赏价值：全株芳香，适合在庭院种植，常作药用园植物栽培。

◆药用价值：全草可入药，有温经、祛湿、散寒、止血、消炎、平喘、止咳、安胎、抗过敏等功效。

◆食用价值：艾具有独特的清香味道，可加入传统糕点中，其嫩芽及幼苗也可作菜蔬供人食用。

◆其他用途：艾叶晒干捣碎得"艾绒"，制艾条供艾灸用，又可作"印泥"的原料。此外，全草作杀虫的农药或熏烟作房间消毒、杀虫等用途。艾晒干粉碎成艾蒿粉，是优质畜禽饲料添加剂。还可以用于制作天然植物染料。

木兰科厚朴属

凹叶厚朴

Houpoea officinalis 'Biloba'

◆形态特征：落叶乔木，高达20米。叶大，近革质，先端凹缺。花大，白色，芳香，花被片厚肉质。聚合果长圆状卵圆形，种子三角状倒卵形。花期5~6月，果期8~10月。

◆生长习性：中性偏阴，喜凉爽湿润的气候及肥沃、排水良好的酸性土壤，畏酷暑和干热 。

◆观赏价值：叶大荫浓，花大而美丽，适宜于庭院栽植及作景观绿化树种。

◆药用价值：树皮可入药，具有燥湿化痰、行气宽中等功效。

◆食用价值：花可以制茶。

◆其他用途：木材质地坚硬，纹理美观，可用来制作各种家具和器具。

八角 五味子科八角属

Illicium verum Hook. f.

◆形态特征：常绿乔木。树冠塔形，叶厚革质，椭圆形或披针形，在阳光下可见密布透明油点。花小，单生叶腋或近顶生，粉红至深红色。聚合果，蓇葖多为8枚，呈八角形。花期3~5月及8~10月，果期9~10月及翌年3~4月。

◆生长习性：喜欢冬暖夏凉的气候，适宜生长在疏松、肥沃、透气的微酸性土壤中，在干燥、贫瘠的土壤中生长不良。

◆观赏价值：四季常绿，树形优美，枝叶繁茂，常被用于庭院、公园等地的绿化。成熟的八角果因其独特的形状和香气也可作为观果植物。

◆药用价值：果实和树皮可能被用于治疗消化不良、腹痛等病症。

◆食用价值：八角是烹饪中常用的香料，用于调味、炖肉、卤菜等功效。

◆其他用途：果实和枝叶中的挥发油成分可用于提取香料和精油，用于化妆品、香水等日化品的制作。八角还可用于制作肥皂、杀虫剂等日用品。木材可做家具。

泡桐科泡桐属 白花泡桐

Paulownia fortunei（Seem.）Hemsl.

◆形态特征：落叶乔木，高达30米。树冠宽广，主干直。叶片长卵状心脏形。圆锥状聚伞花序，花乳白色，内有紫斑，芳香。蒴果长圆形。花期3~4月，果期7~8月。

◆生长习性：喜阳，不耐荫蔽，喜疏松深厚、排水良好的土壤中生成，不耐水涝。

◆观赏价值：树大叶繁，先叶而放的花朵色彩绚丽，适宜作庭荫树和行道树，也是工厂绿化的优良树种。

◆药用价值：树皮、叶、花、根和果实中的化学成分均能应用于临床，有抗菌消炎、消肿止痛和化痰止咳等功效。

◆食用价值：花可食用，可吸食其花蜜，也可摘花清蒸、凉拌。

◆其他用途：木材质轻软，易于加工，常用于制作家具和乐器。泡桐生长迅速，是重要的速生树种，具有较高的经济价值。

兰科白及属 白及

Bletilla striata（Thunb. ex A. Murray）Rchb. f.

◆形态特征：多年生草本植物，植株较高，茎粗壮，劲直。叶片为披针形或宽披针形，先端渐尖，叶子边缘平滑或近于平滑。花苞片长圆状披针形，开花时大多凋落。花大，紫红色或粉红色，唇瓣上有美丽的斑点。花期4~5月。

◆生长习性：稍耐寒，耐阴性强，忌强光直射，喜温暖、阴湿的环境。对土壤要求不严，但在肥沃、排水良好的土壤中生长更好。

◆观赏价值：花形优雅，色彩艳丽，花期较长，适宜栽植于庭院、花坛、花境或盆栽观赏，也可用于切花。

◆药用价值：地下茎入药，具有收敛止血、消肿生肌的功效。

◆食用价值：新鲜白及可以泡水、煮粥、煲汤等。

◆其他用途：假鳞茎可提取多糖，用于制药和化妆品工业。

白兰 木兰科含笑属

Michelia×alba D C.

◆形态特征：常绿乔木，高达15~20米，枝广展，呈阔伞形树冠，叶薄革质，长椭圆形或椭圆形，先端长渐尖或尾状渐尖，花白色，极香；花被片10片，披针形，果为蓇葖疏生的聚合果，蓇葖熟时鲜红色。花期4~9月，果期8~9月。

◆生长习性：喜光照，怕高温，不耐寒，喜温暖湿润，不耐干旱水涝，适合于微酸性土壤。

◆观赏价值：花洁白清香，夏秋间开放，花期长，叶色浓绿，为著名的庭园观赏树种，也可作行道树或大盆栽植作室内观赏植物。

◆药用价值：花可提制浸膏供药用，有行气化浊、治咳嗽等功效。

◆食用价值：为著名的香花树种，花可用于熏茶。

◆其他用途：花可用于提取香精油与干燥香料物质，还能够用于美容、沐浴及医疗。

白鲜

芸香科白鲜属

Dictamnus dasycarpus Turcz.

◆形态特征：多年生草本，株高达1米。根斜生，肉质粗长，淡黄白色。茎基部木质化。叶有小叶9~13片，小叶对生，无柄，椭圆形至长圆形，上面密被油腺点。总状花序长达30厘米，花瓣白带紫红色或粉红带深紫红色脉纹，倒披针形。蒴果5瓣裂，种子近球形。花期5月，果期8~9月。

◆生长习性：喜温暖湿润，较耐寒，耐半阴，怕强光暴晒和积水，适宜于深厚肥沃、疏松和排水良好的砂壤土。

◆观赏价值：花序大，春末夏初从叶丛中抽出粉红色或白色花序，恬静典雅，可配植花境和作切花。

◆药用价值：根皮可入药，称为白鲜皮，有清热燥湿、祛风解毒等功效。

◆其他用途：白鲜的根部可用于制作杀虫剂，叶子可提取芳香油。

百合 百合科百合属

Lilium brownii var. *viridulum* Baker

◆形态特征：多年生草本球根植物。地下茎为鳞茎。叶形态多样，披针形、矩圆状披针形和倒披针形等。花朵直立、下垂或平伸，花色鲜艳，有白色、黄色、粉色、红色等多种颜色，花瓣通常分为两轮，且常有靠合而成钟形、喇叭形。果实为蒴果，内含多数种子。花期5~6月，果期9~10月。

◆生长习性：喜湿润、喜光，适宜于肥沃、富含腐殖质、土层深厚、排水性良好的砂质土壤。

◆观赏价值：形态高雅，花香清新宜人，常用于花坛、花境、盆栽和切花等处。

◆药用价值：球茎具有养阴润肺、清心安神的功效。

◆食用价值：球茎可食用，常用于制作糖水、炖汤。

◆其他用途：花可提取芳香精油，制作香水、香薰等日化用品。

百里香 唇形科百里香属

Thymus mongolicus（Ronniger）Ronniger

◆形态特征：半灌木或多年生草本植物，植株小型，高约20厘米，具有香气。茎斜上升或近水平伸展。叶长圆形或卵圆形，全缘或稀有1~2对小锯齿。花序头状，多花或少花，花萼管状钟形或狭钟形，花冠紫红色、紫色或淡紫色、粉红色。小坚果近圆形或卵圆形，压扁状，光滑。花期7~8月。

◆生长习性：喜温暖，喜光和干燥的环境，耐寒、耐旱、耐瘠薄，抗病虫能力强，对土壤要求不严。

◆观赏价值：开花多、气味香和花期长，是园林绿化中常见的地被植物。可用于花坛花境、缀花草坪、城市园林、岩石园、香草园以及盆栽。

◆药用价值：全株入药，有祛风解表、行气止痛等功效。

◆食用价值：可入菜作为调味香料来烹食。

◆其他用途：全株可提取芳香油，系高档化妆品香料。

柏木 柏科柏木属

Cupressus funebris Endl.

◆形态特征：常绿乔木，高达35米。树皮红褐色，呈纵裂长条薄片脱落。树冠圆锥形，大枝斜展，小枝扁平，排成一个平面。叶鳞片状，交互对生，有香味。雌雄同株，球花单生于枝顶。球果圆球形。种子扁平，有翅。花期3~5月，种子第二年5~6月成熟。

◆生长习性：喜光，稍耐阴，喜温暖、湿润的气候，耐干旱瘠薄，不耐水湿，适应性较强，对土壤要求不严。

◆观赏价值：树形优美，树冠圆锥形，叶色翠绿，是优良的园林绿化树种，常被用作庭院树、行道树，或在公园、广场等地方种植。

◆药用价值：叶、枝、果实和树脂均可入药，具有清热解毒、燥湿杀虫的功效。

◆食用价值：叶可以提取香精。

◆其他用途：木材质地坚硬，耐腐蚀，可用于建筑、家具、雕刻等行业；枝叶可提炼柏木油，用于制作香料。

败酱　忍冬科败酱属

Patrinia scabiosifolia Fisch. ex Trevir.

◆形态特征：多年生草本植物。地下根茎细长，横卧生长，有特殊臭气。茎直立，黄绿色带紫色，基生叶丛生，卵状披针形，有长柄，茎生叶对生，上部叶渐无柄，羽状深裂或全裂。聚伞花序呈伞房状，顶生或腋生。花冠黄色，瘦果长方椭圆形。花期在7~9月，果期在9~10月。

◆生长习性：喜稍湿润的环境，耐严寒，对土壤要求不严。

◆观赏价值：7~9月时，黄色或白色的花朵十分醒目，可栽植为原生景观观赏。

◆药用价值：全草可入药。有清热解毒、活血化瘀、清热利湿等功效。

◆食用价值：新芽可以作为蔬菜食用。

薄荷　唇形科薄荷属

Mentha haplocalyx Briq.

◆形态特征：多年生草本。茎直立，高30～100厘米，茎四棱。叶片长圆状披针形，稀长圆形。轮伞花序腋生，花色白、有淡紫色和紫红色。花果期8～11月。

◆生长习性：喜光也耐半阴，耐寒，耐湿。多生长在山谷、溪边草丛或水旁湿处。

◆观赏价值：芳香植物，观叶、观花，花冠青紫色、红色或白色，是很好的芳香观赏地被植物。

◆园林用途：布置花境、庭院或片植于林缘，多用于芳香花园。

◆药用价值：薄荷是中国常用的中药，全草可入药，可治感冒发热、喉痛、头痛等症，外用又可治神经痛、皮肤瘙痒、皮疹和湿疹等症。

◆食用价值：幼嫩茎尖可作菜食，也可作薄荷茶，还可作为调味剂及香料食用。

◆其他用途：薄荷茎叶有特殊香味，可用于制作牙膏等，能起到清凉提神的作用。

北葱(虾夷葱)

石蒜科葱属

Allium schoenoprasum L.

◆形态特征:多年生草本。叶光滑,管状,细长中空,具有葱属植物特有的辛辣气味。略比花葶短,花葶圆柱状,伞形花序近球状,具多而密集的花,花紫红色至淡红色。花果期7~9月。

◆生长习性:再生力强,喜光、喜凉爽,适应性强,对土壤要求不严。

◆观赏价值:具葱香味,花紫色,呈丛状,非常可爱,是优良的庭园香草品种。适宜栽植于香草花园及花境中,亦可作小景观布置。

◆药用价值:北葱具有特殊的辛香味,有增进食欲、散寒解表、防止心血管疾病的作用。

◆食用价值:叶片和花可以食用,常用于调味或作为沙拉、汤和其他菜肴的配料。

◆其他用途:叶片和花也可以用于提取香料。

紫草科玻璃苣属 玻璃苣

Borago officinalis L.

◆形态特征：一年生草本，株高50~60厘米。叶片椭圆形，带有褶皱，交替生于茎秆上。聚伞花序，花星状，下垂。花萼5片，淡紫色，上密布绒毛，花瓣5片，深蓝色或淡紫色，具芳香。花期5~10月，果期7~11月。

◆生长习性：喜温暖、阳光充足的环境，喜湿润，较耐热，不耐寒，对土壤要求不严。

◆观赏价值：花色幽雅，花期长，是一种很好的观赏植物，适合植于庭院或花坛栽培观赏。

◆药用价值：叶子、花朵、果实都可入药。有清热解毒、利尿消肿、促进消化、止咳镇痛、祛风利湿等功效。

◆食用价值：嫩茎叶可当作野菜食用。

◆其他用途：种子可以提炼出玻璃苣油；玻璃苣也是一种蜜源植物，其花蜜可以制作蜂蜜。

补骨脂

豆科补骨脂属

Cullen corylifolium (L.) Medik.

◆形态特征：一年生直立草本，高60~150厘米。全株被白色绒毛，有明显腺点。茎直立，叶为单叶，有时具1枚细小的侧生小叶。花序腋生，有花10~30朵，组成密集的总状或小头状花序，花冠浅紫色或白色。荚果卵形，黑色，表面具不规则网纹。花果期7~10月。

◆生长习性：喜光、喜温暖、湿润的气候，对土壤要求不严。

◆观赏价值：适应性强，花蓝紫色，可用于药草园种植。

◆药用价值：果实可入药，是一种重要的中药材，具有补肾壮阳、补脾健胃等功效，并可治疗牛皮癣等皮肤病。

◆食用价值：补骨脂是药膳食疗的佳品，其种子加工后也可食用。

◆其他用途：果实提取物可作为洗发乳、头油等化妆品的添加剂，其根还可制作杀虫剂。

豆科草木樨属 草木樨

Melilotus suaveolens Ledeb.

◆形态特征：一年生或二年生草本植物，高可达1米。茎直立，分枝多，全株被粗毛。叶为羽状三出复叶，小叶长倒卵形，边缘具不整齐疏浅齿。总状花序腋生，花黄色，有香气，蝶形花冠。荚果小，种子卵形，平滑且呈黄褐色。花期5~9月，果期6~10月。

◆生长习性：适应性强，耐寒、耐旱，喜阳光充足的环境，也耐半阴，对土壤要求不严。

◆观赏价值：花朵黄色，花序细长，具有较好的观赏价值，适合作为园林中的地被植物或用于花坛、花境的布置。

◆药用价值：地上部分可入药，具有清热解毒、止咳平喘等功效。

◆食用价值：嫩茎叶可作为野菜食用。

◆其他用途：茎叶含有丰富的纤维素，可用作造纸原料，也是优良的牧草。

侧柏　柏科侧柏属

Platycladus orientalis（L.）Franco

◆形态特征：常绿乔木，高达20米，树皮灰褐色，纵裂成条片。枝叶直展扁平，排成平面，两面相似，全为鳞形叶。雌雄同株，雄球花黄色，雌球花蓝绿色被白粉。球果卵圆形，成熟后呈红褐色开裂。花期3~4月，球果10月成熟。

◆生长习性：喜光，幼树耐阴。适应性强，对土壤要求不严。

◆观赏价值：树姿优美，枝叶苍翠，是我国古老的园林树种之一，适宜于陵园、墓地、庙宇等作基础材料，也可用作庭院树。

◆药用价值：侧柏叶，具有凉血止血、止咳化痰的功效。

◆食用价值：柏子仁可以煮茶饮，也可以炖汤等。

◆其他用途：木材质地坚硬，纹理致密，耐腐蚀，常用于建筑、家具、雕刻等行业。

茶 山茶科山茶属

Camellia sinensis（L.）Kuntze

◆形态特征：灌木或小乔木，高度可达3~5米。叶革质，长圆形或椭圆形，边缘有锯齿。花1~3朵腋生，白色或淡粉色，有香气。果实为蒴果，圆形或圆锥形，成熟时自动裂开，内含种子。花期10月至翌年2月。

◆生长习性：喜温暖、湿润的气候，对土壤要求不严格，但以pH值在4.0~6.5的酸性土壤为佳。

◆观赏价值：色彩鲜艳，花期较长，具有较高的观赏价值，常被作为庭院植物或盆栽。

◆药用价值：茶具有提神醒脑、清热降火、强心利尿等功效。

◆食用价值：茶叶是制作各种茶饮品及茶点、茶膳的主要原料。

◆其他用途：茶叶的提取物可用于制作茶香皂、茶香水等日化品。茶籽可提取茶籽油，用于食品业或工业。茶叶还可以用于制作茶枕、茶垫等生活用品。

茶梅 山茶科山茶属

Camellia sasanqua Thunb.

◆形态特征：常绿灌木或小乔木，叶革质，椭圆形，因其花型兼具茶花和梅花的特点，故称茶梅。11月至翌年1月开花，白色或红色，略芳香。蒴果球形。

◆生长习性：喜阴湿，喜温暖、湿润的气候，以半阴半阳最为适宜。强烈的阳光会灼伤其叶和芽，导致叶卷脱落；但又需要有适当的光照，才能开花繁茂鲜艳。

◆观赏价值：树形较小，叶形雅致，花色艳丽、花期长，是优良的花灌木。

◆药用价值：具有凉血止血、散瘀消肿的功效。

◆食用价值：是蜜源植物，可提取蜜汁食用。

◆其他用途：种子富含不饱和脂肪酸，可制作成天然的植物油；还可提取碱制作天然皂素。

樟科檫木属 檫木

Sassafras tzumu (Hemsl.) Hemsl.

◆形态特征：落叶乔木，高可达35米。树皮幼时黄绿色，平滑，老时灰褐色，呈不规则纵裂。叶互生，卵形或长椭圆形，叶缘有锯齿。花序顶生，先叶开放，花小，黄绿色。果卵球形，成熟时呈蓝黑色。花期3~4月，果熟期5~9月。

◆生长习性：喜光，喜温暖、湿润的气候和肥沃排水性良好的酸性土壤。

◆观赏价值：树形优美，早春时黄花满树，秋季时树叶由绿转红，适宜作为庭院树或作行道树种植。

◆药用价值：树皮及叶可入药，具有祛风祛湿、活血散瘀的功效。

◆食用价值：嫩叶可食用，具有特殊的香气，可用作调味料或烹饪佐料。

◆其他用途：木材可作家具、雕刻等行业的用材，檫木油可用于制作香水和肥皂等日化品。

菖蒲 菖蒲科菖蒲属

Acorus calamus L.

◆形态特征：多年生草本植物。具有横走的根状茎，粗壮且稍扁，黄褐色，具有芳香。叶基生，叶片剑状线形，花序梗二棱形，叶状佛焰苞剑状线形，肉穗花序斜上或近直立，圆柱形，黄绿色，浆果长圆形，成熟时红色。花期6~9月。

◆生长习性：生长在池塘、湖泊岸边浅水区，喜温暖、湿润的气候，喜阴湿环境，耐寒忌干旱，冬季地下茎会潜入泥中越冬。

◆观赏价值：叶丛翠绿，端庄秀丽，具有香气，非常适宜作为水景岸边及水体的绿化植物。菖蒲叶、花序还可以作插花材料。

◆药用价值：根茎可供药用，有化湿开胃、调理消化、醒神益智的功效。

◆其他用途：全株芳香，可作香料或用于驱蚊虫。

臭牡丹 唇形科大青属

Clerodendrum bungei Steud.

◆形态特征：小灌木，高可达2米。叶片纸质，叶宽卵形或卵形，有浓烈的味道。伞房状聚伞花序顶生，密集花淡红色或红色、紫色，具芳香。核果近球形，成熟时颜色为蓝黑色。花果期5~11月。

◆生长习性：喜阳光充足、湿润的环境，适应性强，耐寒耐旱，也较耐阴，宜在肥沃、疏松的腐叶土中生长。

◆观赏价值：叶色浓绿，顶生紧密头状红花，花朵鲜艳，花期长是一种非常美丽的园林花卉；适宜栽植于坡地、林下或树丛旁，也可作花境、地被植物。

◆药用价值：根、茎、叶均可入药，具有清热解毒、消肿止痛等功效。

◆其他用途：花和叶可提取精油，用于制作香水和化妆品。

除虫菊

菊科菊蒿属

Tanacetum cinerariifolium（Trevir.）Sch.-Bip.

◆形态特征：多年生草本，高17~60厘米。茎直立呈银灰色，密被灰白色短柔毛。基生叶丛生，茎尖叶互生，叶片二回羽状深裂，向上叶渐小，全部叶有叶柄，基生叶柄长10~20厘米，中上部茎叶的叶柄长2.5~5厘米。头状花序单生茎顶或茎生3~10个头状花序，排成疏松伞房花序。舌状花白色，黄色管状花密集，瘦果狭倒圆锥形。花果期5~8月。

◆生长习性：喜光照，喜凉爽气候，适应性强，宜生长于排水良好的中性或微碱性砂质壤土，不宜连作。

◆观赏价值：头状花序中央黄色细管状花朵，外周镶着一圈洁白的舌状花瓣，尤显其淡雅而别致，适宜于盆栽和切花。

◆药用价值：有名的药用植物，全草入药制粉，可用于人体外治疥癣。

◆其他用途：花是生产菊酯类农药的原材料，花叶干后制成粉末，可制蚊香以杀灭害虫和除臭。

◆形态特征：地生植物，假鳞茎较小，卵球形。叶4~7枚，带形，下部边缘无齿或具细齿。花葶从假鳞茎基部外侧叶腋中抽出，直立，花序具单朵花，极罕2朵，花色泽变化较大，通常为绿色或淡褐黄色而有紫褐色脉纹，有香气，蒴果狭椭圆形。花期1~3月。

◆生长习性：喜温暖、湿润及半阴环境，不耐热、耐寒，喜富含腐殖质、疏松的微酸性土壤。

◆观赏价值：叶色青翠，花香幽远，适宜于室内盆栽观赏。

◆药用价值：全株均可入药，有清肺除热、化痰止咳、凉血止血等功效。

◆食用价值：花可以用来制茶饮用。

春兰 兰科兰属

Cymbidium goeringii（Rchb. f.）Rchb. F.

刺槐

豆科刺槐属

Robinia pseudoacacia L.

◆形态特征：落叶乔木，高10~25米。树皮灰褐色至黑褐色，浅裂至深纵裂。奇数羽状复叶，小叶椭圆形或卵形，先端圆，微凹，具小尖头，基部圆。总状花序腋生，花冠白色，芳香，旗瓣基部有黄斑。荚果褐色，或具红褐色斑纹，线状长圆形。种子褐色至黑褐色，近肾形。花期4~6月，果期8~9月。

◆生长习性：喜光，耐干旱，不耐阴，忌水湿，土壤适应性强。

◆观赏价值：树冠高大，叶色翠绿，开花时绿白相映，素雅而芳香，可作为行道树、庭荫树。适应性强，也是优良的固沙保土树种。

◆药用价值：刺槐花可入药，具有消肿止痛、治疗口舌生疮、止血等作用。

◆食用价值：花可食用。也是重要的蜜源植物，蜂蜜产量很高。

◆其他用途：材质硬重，抗腐耐磨，宜作枕木、车辆、建筑、矿柱等多种用材。种子可榨油供做肥皂及油漆原料。

大花葱 石蒜科葱属

Allium giganteum Regel

◆形态特征：多年生球根花卉。叶近基生，叶片倒披针形，长达60厘米，宽10厘米，灰绿色。花葶自叶丛中抽出，高1米以上，头状花序硕大，直径可达15厘米以上，由2 000~3 000朵小花组成，小花紫色，直径约1厘米。种子球形，坚硬，黑色。花期5~6月。

◆生长习性：性喜凉爽且阳光充足的环境，忌湿热多雨，忌连作，耐半阴，适温15~25 ℃。要求疏松肥沃的砂壤土，忌积水。

◆观赏价值：大花葱叶片灰绿，花茎健壮挺拔，花色鲜艳，球形花序丰满别致，观赏效果很好。是花境、岩石园或草坪旁装饰和美化的佳品，可以片植为花海，效果绝佳。

◆药用价值：鳞茎在传统医学中被用作草药，具有清热解毒、消肿止痛等功效。

◆其他用途：球茎和叶子可用于提取香料或精油。

大叶醉鱼草 玄参科醉鱼草属

Buddleja davidii Franch.

◆形态特征：落叶灌木，高度可达1~5米。枝条开展，呈四棱形。叶对生，膜质或薄纸质，卵形或披针形，边缘有细锯齿。总状或圆锥状聚伞花序顶生，花冠淡紫色、黄白色至白色，喉部黄色，芳香，果长圆形或窄卵圆形。花期5~10月，果期9~12月。

◆生长习性：喜阳，喜温暖湿润的气候，萌发力强，耐修剪，耐寒、耐旱、耐贫瘠，对土壤要求不严。

◆观赏价值：枝叶婆娑，花朵繁茂，优雅芳香，花色多样，既可作观花灌木栽培，又可作花篱种植，是公园和园林绿化中的优良观赏植物。

◆药用价值：茎叶可入药，有祛风散寒、活血止痛等功效。

◆其他用途：叶和根可制作农药，用于毒鱼和杀虫；花也可提取出芳香油。

代代酸橙

芸香科柑橘属

Citrus×*aurantium*‘Daidai’

◆形态特征：小乔木，枝叶茂密，刺多。叶色浓绿，质地颇厚，翼叶倒卵形，基部狭尖。总状花序，花白色，浓香。果圆球形或扁圆形，果皮厚，难剥离，橙黄色至朱红色，油胞大，果肉味酸，有时有苦味或兼有特异气味。花期4~5月，果期9~12月。

◆生长习性：喜光，喜肥，喜温暖、湿润的气候，稍耐寒，宜生于肥沃、疏松而富含有机质的砂壤土。

◆观赏价值：春夏之交开花，花色洁白，香浓扑鼻，果实橙黄，挂满枝头，挂果时间长，为珍贵的观果树种。适宜于庭院种植。

◆药用价值：果实可入药，有持久的升压及改善微循环作用，适用于治疗休克。

◆食用价值：果可食用，花芳香，可用于熏茶叶，称为代代花茶。

◆其他用途：花、叶和果皮可提取芳香精油。

单叶蔓荆 唇形科牡荆属

Vitex rotundifolia

◆形态特征：落叶灌木，有香味。茎匍匐，节处常生不定根。小枝四棱形，单叶对生，卵形或倒卵形。圆锥花序顶生，花淡紫色或蓝紫色。核果近圆形，黑色。花期7月，果期9~11月。

◆生长习性：根系发达，耐寒、耐旱、耐瘠薄、喜光，匍匐茎着地部分生须根，能很快覆盖地面，抑制其他杂草生长。

◆观赏价值：生长迅速，花紫色，夏季开花，是少有的夏季开花植物，植株芳香，是理想的护沙护坡造林树种，也可用于园林造景中的花境。

◆药用价值：果实可供药用，具有疏风散热、镇静止痛、行气散瘀、清利头目等功效。

◆其他用途：木材可用于制作家具或作为薪柴。

德国鸢尾 鸢尾科鸢尾属

Iris germanica L.

◆形态特征：多年生草本。根状茎粗壮而肥厚，常分枝，扁圆形。叶直立或略弯曲，淡绿色、灰绿色或深绿色，常具白粉，剑形。花茎从叶丛中抽出，花大而美丽，色彩丰富，有蓝、紫、黄、白等色，有时带有斑点或条纹。花期4~5月，果期6~8月。

◆生长习性：喜阳、耐寒、耐旱，喜干燥，怕积水。要求土质疏松的砂壤土为好。

◆观赏价值：叶碧绿青翠，花大，色彩丰富、花形奇特而受人们喜爱，观赏价值很高。可用于花坛、花境，宜片植和丛植。

◆药用价值：根状茎可入药，有清热解毒、活血消肿等功效。

◆其他用途：可作为蜜源植物，吸引蜜蜂等传粉昆虫；根状茎可提取染料，用于染色。

二色茉莉(鸳鸯茉莉)

茄科鸳鸯茉莉属

Brunfelsia brasiliensis (Spreng.) L. B. Sm. & Downs

◆形态特征：多年生常绿灌木，株高70~150厘米，分枝力强。单叶互生，长披针形或椭圆形，先端渐尖，纸质，叶缘略皱。花单朵或数朵簇生，花冠呈高脚碟状。花初含苞待放时为蘑菇状、深紫色，初开时蓝紫色，后变成白色，单花可开放3~5天，花香浓郁。花期5~11月。

◆生长习性：喜温暖、湿润、光照充足的环境。不耐寒、耐半阴、耐干旱、不耐涝，喜疏松、肥沃、排水良好的微酸性土壤。

◆观赏价值：叶色翠绿，花紫、蓝、白相间，花色艳丽，芳香浓郁，适宜在园林绿地中种植，也可置于盆栽观赏。

◆药用价值：叶可入药，性味甘、平，清热消肿，外敷可治痈疮肿毒。

◆其他用途：花可提取香料。

鸢尾科番红花属 番红花

Crocus sativus L.

◆形态特征：多年生草本。球茎扁圆形，外有黄褐色膜质包被。叶片细条形，绿色，从球茎基部抽出，与花同时或于花后生出。花顶生，淡蓝、红紫或白色，有香味。春花期2~3月，秋花期10~11月，一般不结果。

◆生长习性：喜光，也能适应半阴环境，喜冷凉气候，耐寒性强、不耐热。对土壤要求不严，适宜于疏松、肥沃、排水良好的土壤中生长更好。

◆观赏价值：花朵色彩鲜艳，花形优雅，春秋开花，适宜作为花坛、花境的点缀植物，也可盆栽观赏。

◆药用价值：花柱及柱头可供药用，有活血化瘀、生新镇痛、健胃通经等功效。

◆食用价值：番红花是世界上最贵的香料之一，其柱头可用作食品调味。

◆其他用途：柱头提取物也可用于制作化妆品和香水。

番木瓜 番木瓜科番木瓜属

Carica papaya L.

◆形态特征：常绿软木质小乔木，高达8~10米。叶大，近盾形，常掌状7~9深裂。雄花排成长达约1米的下垂圆锥花序，花乳黄色。雌花排成伞房花序，花乳黄色或白色。浆果肉质，成熟时橙黄色或黄色，长圆球形，肉柔软多汁，味香甜。花果期全年。

◆生长习性：喜炎热及光照，不耐寒，根系浅，怕大风，忌积水，对土壤适应性较强。

◆观赏价值：果实金黄，是南方重要的果树和庭园树。

◆药用价值：果实可药用，有促进消化、缓解胃痛等功效。

◆食用价值：果实香甜可食，是一种营养价值很高的水果。

◆其他用途：种子可榨油。

番石榴 桃金娘科番石榴属

Psidium guajava L.

◆形态特征：常绿灌木或小乔木。叶对生，革质，长圆形至椭圆形。花单生或2~3朵聚生于叶腋，白色或淡黄色，有香气，花蕊红色。浆果球形或梨形、肉质。花期春季，果9~10月成熟。

◆生长习性：喜温暖、湿润的气候，耐旱不耐寒，适应性强，对土壤要求不严。

◆观赏价值：四季常绿，树形优美，花有香气，果实累累，是热带常见水果，适宜于庭院种植。

◆药用价值：叶子和果实可入药，有收敛止泻、消炎止血等功效。

◆食用价值：果实味道酸甜，营养丰富，可直接食用，也常用于制作果汁、果酱、炖菜等。

◆其他用途：树皮和根皮可用于提取染料，叶片和果实提取物也可用于制作香皂、洗发水等日化品。

芳香万寿菊

菊科万寿菊属

Tagetes lemmonii A.Gray

◆形态特征：多年生灌木状草本，高达1.5米以上。茎直立，丛生，基部木质化。羽状复叶对生，小叶线形至披针形。聚伞花序顶生，花金黄色。全株散发百香果的香气。花期9～11月。

◆生长习性：喜光，不耐阴，具有一定的抗旱能力，对土壤要求不严。

◆观赏价值：秋季开花，金黄色花序缀满枝条，亮丽耀眼，十分美丽。可作花境材料，种植在疏林和草地边缘，亦可种植在岩石园。

◆药用价值：根、叶和花序均可入药。根具有解毒消肿等作用，叶可用于治疗痈、疮、疖、疔等无名肿毒；花序则具有平肝解热，祛风化痰等功效。

◆食用价值：花可以食用。

◆其他用途：植株常被用于精油提取、香料制作。

风信子

天门冬科风信子属

*Hyacinth*us orientalis L. Sp. Pl.

◆形态特征：多年生草本，球根类植物，鳞茎呈球形或扁球形，有膜质外皮。叶基生，呈狭披针形，肉质，肥厚。花茎从叶茎中央抽出，总状花序，花形呈钟状或星状，花朵密集，花冠6片，反卷，颜色多样，从白色、红色到深蓝色，具有浓郁的芳香气味。花期3~4月，果期5月。

◆生长习性：喜凉爽湿润、阳光充足的环境，耐寒。适宜于肥沃、排水良好的砂壤土。

◆观赏价值：花朵色彩鲜艳，香气浓郁，是春季园林中的重要花卉。常用于布置花坛、花境或庭院。

◆其他用途：花朵可用于提取精油，用于香水制作。

枫香树 蕈树科枫香树属

Liquidambar formosana Hance

◆形态特征：落叶乔木，高可达30米，树皮灰褐色，方块状剥落。叶薄革质，阔卵形，掌状3裂，基部心形。雄性短穗状花序多个排成总状，雌性头状花序有花24~43朵。头状果序圆球形，木质。花期在3~4月，果期则在10月。

◆生长习性：喜光，喜温暖、湿润的气候，耐干旱瘠薄，抗风，生长快，对土壤要求不严。

◆观赏价值：树形优美，冠幅匀称，秋天叶色变红，是南方著名的秋色叶树种，可营造风景林，作庭荫树等观赏。

◆药用价值：根、叶及果实亦可入药，有祛风除湿、通络活血的功效。果实可药用，名“路路通”，为镇痛及通经利尿药。

◆食用价值：民间用叶制作黑米饭。

◆其他用途：木材纹理美观、淡红色、结构细、易加工，可作建筑、家具、茶叶箱及包装箱材。

凤仙花科凤仙花属 凤仙花（指甲花）

Impatiens balsamina L.

◆形态特征：一年生草本植物。茎粗壮且肉质，呈直立状态。叶互生，呈卵形或披针形，边缘有锯齿。花单生或数朵簇生于叶腋，花色丰富多样，有白色、粉红色、紫色等，花瓣单瓣或重瓣，形状似蝴蝶，非常美丽。果实蒴果，宽纺锤形。种子圆球形，黑褐色。花果期7~10月。

◆生长习性：喜光、耐热、不耐寒，适应性较强，对土壤要求不高。

◆观赏价值：色彩丰富、花形独特，花期较长，适合作为盆栽或花坛植物。

◆药用价值：茎及种子可入药，具有祛风除湿、活血化瘀、止痛等功效。

◆食用价值：花可以食用，通常用于装饰沙拉或甜点，增添色彩和风味。

◆其他用途：花是一种天然的色素来源，其花瓣中含有的天然红棕色色素可用于临时染发和染甲。

佛手 芸香科柑橘属

Citrus medica ‘*Fingered*’

◆形态特征：常绿小乔木或灌木，植株高度可达3米左右。枝条上有短而硬的刺，叶片长椭圆形，边缘有波状锯齿。花小，白色芳香，果实橙黄色，形成手指状，有香气。花期4~5月，果熟期10~12月。

◆生长习性：喜温暖、湿润、阳光充足的环境，不耐严寒、不耐旱，耐阴、耐贫瘠、耐涝。

◆观赏价值：叶色泽苍翠，四季常青，果实色泽金黄，香气浓郁，形状奇特似手，千姿百态，极具观赏价值。

◆药用价值：根、茎、叶、花、果均可入药，具有舒肝理气、和胃止痛、燥湿化痰等功效。

◆食用价值：果实可以食用，通常用来制作蜜饯、果酱或泡茶。

◆其他用途：果皮可用于提取精油，用于香水和化妆品行业。

甘草 豆科甘草属

Glycyrrhiza uralensis Fisch.

◆形态特征：多年生草本，高可达1.2米。主根粗大，外皮棕红色。茎直立，多分枝。叶互生，羽状复叶，小叶卵形或长圆形，先端尖，基部楔形，全缘。总状花序腋生，具多数花，花冠紫色、白色或黄色，蝶形。荚果长圆形。花期6~8月，果期7~10月。

◆生长习性：适应性强，耐寒、耐旱，喜阳光充足，也能耐半阴，对土壤要求不严，在土层深厚、排水良好的砂壤土中生长更好。

◆观赏价值：花朵美丽，色彩鲜艳，适宜植于花坛、花境中作为观赏。

◆药用价值：根和根茎在中医中被称为“甘草”，有补脾益气、清热解毒、祛痰止咳、和解百毒、调和诸药等功效，是常用的中药材之一。

◆食用价值：可直接食用或作为食品添加剂，具有独特的甜味。

◆其他用途：甘草提取物在化妆品、烟草、医药等行业有广泛的应用。茎的韧皮纤维可用于纺织麻袋、搓绳索。叶片和茎可作为牲畜的饲料。

桂竹香 十字花科糖芥属

Erysimum × *cheiri* (L.) Crantz

◆形态特征：多年生草本植物，株高20~60厘米。茎直立，下部呈现木质化，具分枝。叶互生，披针形。总状花序顶生，花瓣通常为橘黄色或黄褐色，倒卵形，具有长爪，有香气。果实为长角果，线形，种子卵形，浅棕色，先端有翅。花期4~5月，果期5~6月。

◆生长习性：喜光，稍耐阴，耐寒，怕涝怕酷暑。喜排水良好、疏松肥沃的土壤。

◆观赏价值：花期较早，花色鲜艳，带有芳香气味，适宜春季庭院、花坛、花境种植，也可作盆花、切花。

◆药用价值：花可用于调理月经及润肠通便，孕妇慎服。

◆食用价值：可作食物配菜食用。

◆其他用途：种子可榨油供工业用。

海桐

海桐科海桐属

Pittosporum tobira (Thunb.) W. T. Aiton

◆形态特征：常绿灌木或小乔木，高2~6米。叶革质，倒卵形，叶面有光泽。伞形花序，花白色后变黄色，芳香。蒴果圆球形，有棱或成三角形，熟时三片裂开，种子鲜红色。花期5月，果期9~10月。

◆生长习性：喜光，耐阴能力强。喜温暖、湿润的气候，不耐寒。对土壤适应性强，耐盐碱。

◆观赏价值：枝叶茂密，叶色亮绿，白花芳香，种子红艳，适应性强，是优良的观叶、观花、观果树种，适宜于草坪边缘、路旁、公园种植观赏及作绿篱及矿区绿化树种。

◆药用价值：根、叶和种子均入药，有清热解毒的功效。

◆其他用途：根、叶或果实含有天然的色素，可以被提取用作纺织品或其他物品的天然染料。

海州常山

唇形科大青属

Clerodendrum trichotomum Thunb.

◆形态特征：落叶灌木或小乔木，高1.5~10米。叶对生，纸质，卵状椭圆形；伞房状聚伞花序，花萼蕾时绿白色，后紫红色，花冠白色或带粉红色；核果近球形，蓝紫色。花果期6~11月。

◆生长习性：喜凉爽、湿润、向阳环境，对土壤要求不严。耐旱、耐盐碱性较强。

◆观赏价值：花形美丽奇特，花期长，果实醒目，适宜于庭院、林下、堤岸等环境的景观布置。

◆药用价值：其根、茎、叶均可入药，有清热解毒、活血化瘀、消肿止痛等功效。

◆其他用途：茎秆坚韧，可用于制作工艺品或农具，叶片和果实可提取色素，用于染色或制作天然染料。

含笑

木兰科含笑属

Michelia figo（Lour.）Spreng.

◆形态特征：常绿灌木，分枝繁密，叶革质，花直立，淡黄色边缘有时红色或紫色，花盛开后不完全展开，具甜浓的芳香，蓇葖果卵圆形或球形。花期3~5月，果期7~8月。

◆生长习性：喜半阴环境，忌强光直射，喜肥，不甚耐寒。

◆观赏价值：枝叶浓密，叶色翠绿光亮，花色淡雅芳香，是很好的观赏植物。适宜于小花园、公园或街道种植，亦可配植于半阴花境及稀疏林下。

◆药用价值：花、叶可入药，有清热解毒、消炎等功效。

◆食用价值：花阴干可以泡茶饮用。

◆其他用途：花朵可以提取精油，用于香水和芳香疗法。

豆科合欢属

Albizia julibrissin Durazz.

◆形态特征：落叶乔木，高可达16米。树冠开展，羽状复叶，小叶对生，呈椭圆形或倒卵形，叶缘有锯齿；头状花序于枝顶排成圆锥花序，花粉红色，荚果带状。花期6~7月，果期8~10月。

◆生长习性：喜光、喜温暖、湿润的气候，忌积水，对土壤要求不严。

◆观赏价值：树冠开阔，叶纤细如羽，花朵鲜红可爱，荚果挂满枝头，十分优美，适宜于作庭荫树、园景树、行道树等处。

◆药用价值：树皮、花和果实均可入药，有安神、镇静等功效。

◆食用价值：花和嫩叶可以食用，具有特殊的香味，可以用于制作茶或作为食材。

◆其他用途：木材质地较轻，可用于制作家具和工艺品。

荷花木兰

木兰科北美木兰属

Magnolia grandiflora L.

◆形态特征：常绿乔木，在原产地高达30米。叶厚革质，较大，椭圆形；叶深绿色，有光泽。花大、白色、芳香，聚合果圆柱状，种子近卵圆形或卵形，外种皮红色。花期5~6月，果期9~10月。

◆生长习性：喜光，幼时稍耐阴，喜温湿气候，较耐寒。喜肥沃湿润且排水良好的微酸性或中性土壤。

◆观赏价值：树形优美，花大清香，假种皮红艳，极具观赏价值，适宜于庭院、公园、道路、工厂等处种植。

◆药用价值：叶可入药，有降血压的功效。花朵和树皮也具有一定的药用价值，有祛风散寒、行气止痛等功效。

◆食用价值：花朵可食用，可用它来制作各种小吃，例如沙拉、粥、羹、糕等。

◆其他用途：花朵可以提取精油，用于制作香水或作为芳香疗法的原料。

樟科山胡椒属 黑壳楠

Lindera megaphylla Hemsl.

◆形态特征：常绿乔木，高达25米，树皮灰黑色。叶互生，倒披针状长圆形至卵状长圆形，花雌雄异株，伞形花序腋生，每个花序有花9~16朵；花黄绿色或紫红色。果椭圆形至卵形，成熟时紫黑色，花期2~4月，果期9~12月。

◆生长习性：喜温暖、湿润的气候，耐高温、耐干旱，抗寒性较差，喜深厚、肥沃、排水良好的酸性至中性土壤。

◆观赏价值：四季常青，树干通直，枝叶浓密，青翠葱郁，秋季紫黑色的果实如繁星般点缀于绿叶丛中，是具有发展潜力的园林绿化树种。

◆药用价值：根、干、叶可入药，具有祛风除湿、温中行气、消肿止痛等功效。

◆其他用途：木材黄褐色、纹理直、结构细，可作装饰薄木、家具及建筑用材；果皮、叶含芳香油，可作调香原料。

红花

菊科红花属

Carthamus tinctorius L.

◆形态特征：一年生草本，茎直立，白色或淡白色。中下部茎叶披针形、披状披针形或长椭圆形，边缘大锯齿、重锯齿、小锯齿以至无锯齿而全缘，齿顶有针刺，向上的叶渐小，披针形，边缘有锯齿，叶质地坚硬，革质；头状花序多数，茎顶端成伞房花序，小花红色、橘红色，瘦果倒卵形。花果期5~8月。

◆生长习性：喜温暖、阳光充足的环境，抗寒、耐旱、耐盐碱，适应性较强。

◆观赏价值：花色鲜艳，芳香，常在药用植物园及芳香园中栽培。

◆药用价值：花可入药，有通经、活血之效，主治妇女病。

◆食用价值：种子含油率极高，多属不饱和脂肪酸油类，芳香，是高级的食用油。

◆其他用途：花含红色素，也是红色染织物的色素原料。

红茴香 五味子科八角属

Illicium henryi Diels

◆形态特征：常绿灌木或小乔木，高度可达3~8米。树皮灰褐色至灰白色。叶革质，倒披针形。花粉红至深红色，暗红色。蓇葖果八角形。花期4~6月，果期8~10月。

◆生长习性：阴性树种，耐贫瘠、较耐寒，喜土层深厚、排水良好、肥沃疏松的砂壤土。

◆观赏价值：四季常绿，树形优美，花色鲜艳，适宜做盆景及城市色块、花墙及隔离带种植。

◆药用价值：根和根皮可入药，有活血止痛、祛风除湿等功效。

◆食用价值：果实有毒，不可食用。

◆其他用途：叶和果含有芳香油，可以提炼香精。

厚皮香 五列木科厚皮香属

Ternstroemia gymnanthera（Wight & Arn.）Bedd.

◆形态特征：常绿灌木或小乔木，高可达15米。叶互生，革质或薄革质，倒卵形，暗绿色。花小，淡黄白色，浓香，数朵聚生于枝顶。果实圆球形，成熟时呈红色或黑色。花期5~7月，果期8~10月。

◆生长习性：喜温暖、湿润的气候，喜光，也适宜在耐阴的环境中生长，耐热不耐寒。根系发达，在酸性、中性及微碱性土壤中均能生长。

◆观赏价值：树形优美，枝条平展，叶色浓绿，花序繁密，果实红色醒目，是优秀的室外园林绿化观赏树种。

◆药用价值：根、茎、叶和果实均可入药，有活血化瘀、消肿止痛等功效。叶可用于治疗跌打损伤、风湿痛等病症。

◆其他用途：木材质地坚硬，可用于制作家具或其他木制品。

蝴蝶花 鸢尾科鸢尾属

Iris japonica Thunb.

◆形态特征：多年生草本。叶基生，暗绿色，有光泽。花茎直立，花淡蓝色或蓝紫色。花期3～4月，果期5～6月。

◆生长习性：喜光，也较耐阴，在半阴环境下可正常生长。喜温凉气候，耐寒性强。

◆观赏价值：叶色优美，花色淡蓝，花姿潇洒飘逸。适宜于林下种植及用于花群、花丛以及花境。

◆药用价值：根状茎可入药，有清热解毒、利尿消肿等功效。

◆其他用途：根状茎含有色素，可用作天然染料。

虎杖 蓼科虎杖属

Reynoutria japonica Houtt.

◆形态特征：多年生草本，高可达1米以上。根状茎粗壮，横走。茎直立，圆柱形，中空，散生紫红色斑点。叶互生，近革质，宽卵形或卵状椭圆形。花单性，雌雄异株，成腋生圆锥花序，花被淡绿色。瘦果卵形。花期8~9月，果期9~10月。

◆生长习性：喜温暖湿润的气候，根系发达，耐旱力、耐寒力较强，对土壤要求不严。

◆观赏价值：茎秆有紫红色斑点，节节升高，可用于园林绿化观茎植物。

◆药用价值：干燥根茎和根可供药用，具有利湿退黄、清热解毒、散瘀止痛、止咳化痰等功效。

◆食用价值：嫩叶和嫩芽可以作为蔬菜食用。

◆其他用途：根茎可以用来提取染料，被广泛用于服装和织物制作中。

芸香科花椒属 花椒

Zanthoxylum bungeanum Maxim.

◆形态特征：落叶灌木或小乔木，高3~7米。枝有短刺。奇数羽状复叶，小叶卵形或卵状披针形，边缘有细圆锯齿。聚伞状圆锥花序顶生，花小，黄绿色。果紫红色，花期4~5月，果期8~10月。

◆生长习性：喜光、喜温暖、湿润的气候，耐寒、耐旱、不耐积水，抗病能力强，喜土层深厚的肥沃土壤。

◆观赏价值：树姿优美，春季花繁叶茂，秋季红果累累，适宜于庭院或园林景观栽植。

◆药用价值：果皮、种子、根、茎、叶均可入药，具有温中散寒、消食止痛等功效。

◆食用价值：果实是重要的调味品，可作调料。

◆其他用途：种子可提取油脂，用于制作肥皂、油漆等；木材坚硬，可用作家具、农具等。

花菱草 罂粟科花菱草属

Eschscholzia californica Cham.

◆形态特征：多年生草本（栽培常为一年生），高可达60厘米。茎直立，无毛，植株带蓝灰色。叶互生，羽状分裂，裂片呈线形。花单生于茎和分枝顶端，花瓣4枚，黄色，基部有橙黄色斑点。果实为蒴果，呈狭长圆柱形。花期4~8月，果期6~9月。

◆生长习性：较耐寒，喜冷凉干燥气候，不喜湿热。适宜植于疏松肥沃，排水良好、土层深厚的砂壤土。

◆观赏价值：花朵黄色，鲜艳夺目，常植于花境和花坛等处，片植效果最佳。

◆药用价值：植株可入药，有清热解毒、利尿通淋等功效。

◆其他用途：可作为蜜源植物，吸引蜜蜂等传粉昆虫。种子含油量较高，可提取工业用油。

姜科山姜属 花叶艳山姜

Alpinia zerumbet (Pers.) B. L. Burtt & R. M. Sm. ‘Variegata’

◆形态特征：多年生草本植物，植株可高达1~3米，具有发达的地上茎。叶片大，革质，长椭圆形，两端渐尖，叶面深绿色，带有金黄色的纵斑纹。花序圆锥形，花密集，苞片椭圆形，白色或顶端粉红色。花萼近钟形，白色，顶粉红色。唇瓣匙状宽卵形，顶端皱波状，黄色而有紫红色纹彩。花期4~6月，果期7~10月。

◆生长习性：喜高温、潮湿、半阴或明亮光照的环境，不耐寒，喜肥沃、疏松、排水良好的微酸性砂壤土。

◆观赏价值：叶色艳丽醒目，花朵香气浓郁，花姿清秀雅致，是一种优良的观叶植物，适宜于庭院美化及室内盆栽。

◆药用价值：根状茎和果实可入药，有健脾暖胃、燥湿散寒等功效。

◆食用价值：叶可以包粽子蒸食，嫩茎做烹饪辅料。

◆其他用途：叶鞘可作纤维原料。

华东山芹 伞形科山芹属

Ostericum huadongense Z. H. Pan & X. H. Li

◆形态特征：多年生草本植物，高60~90 厘米。茎中空，上部有分枝。基生叶有叶柄，基部膨大成扁而抱茎的鞘；基生叶及茎生叶均为二至三回三出式羽状分裂，叶片三角状卵形。伞形花序，花瓣白色倒卵形，花药紫色。果椭圆形。花果期8~10月。

◆生长习性：喜冷凉、湿润的气候，属半耐寒性蔬菜，不耐高温。

◆观赏价值：夏秋开花，富有野趣，适宜栽植于林缘。

◆药用价值：全草可入药，有解毒消肿的功效，还可辅助降血压、降血脂、降血糖等病症，具有一定的保健功能。

◆食用价值：幼苗还可以作为春季的野菜，洗净炒熟后食用。

蔷薇科蔷薇属
Rosa xanthina Lindl.

黄刺玫

◆形态特征：落叶直立灌木，高可达2~3米。奇数羽状复叶，小叶宽卵形近至圆。花黄色，单生于枝顶，半重瓣或单瓣。果近球形或倒卵圆形，紫褐色或黑褐色。花期4~6月，果期7~8月。

◆生长习性：喜光，耐寒、耐旱、耐瘠薄，忌涝，病虫害少，对土壤要求不严。

◆观赏价值：早春繁花满枝、黄色亮丽，夏季果实紫褐色，是优良的观花观果树种。适宜于草坪、林缘、路边丛植或栽植于花坛，也可作花篱。

◆药用价值：果实有活血舒筋、调经、健脾、祛湿利尿、消肿等功效。

◆食用价值：果实可直接食用，也可做成果酱等食品。

◆其他用途：花可提取芳香油，茎皮和根皮可用作纤维原料。

菊科蒿属 黄金艾蒿

Artemisia vulgaris Variegate

◆形态特征：多年生草本植物，株高可达40厘米。叶薄纸质，叶片羽状深裂，叶色黄绿相间，在阳光下十分醒目。头状花序近球形，直径2~3毫米，无柄。瘦果小，卵状椭圆形。花果期8~11月。

◆生长习性：适应性强，耐瘠薄，喜光、耐半阴，对土壤要求不严。

◆观赏价值：叶色黄绿相间，十分醒目，并且可以散发出芳香气味，适合作为色叶类品种在花境、花坛、岩石园、瘠薄土地种植。

◆药用价值：全草入药，有调经止血、散寒除湿等功效。

◆食用价值：嫩茎叶可以蒸食。

◆其他用途：叶子具有芳香气味，可以用来驱蚊虫和杀菌，也可提取芳香油。

黄金菊 菊科黄蓉菊属

Euryops pectinatus（L.）Cass.

◆形态特征：多年生草本，株高可达1.5米。茎直立，具分枝。叶互生，长椭圆形，羽状深裂，头状花序单生茎顶，舌状花及管状花均为金黄色。花期8~11月。

◆生长习性：喜光、喜排水良好的砂壤土，中性或略碱性的土壤均符合其生长的要求。

◆观赏价值：叶片细裂，常绿，花大金黄，花期长；可植于花境、花坛、花台，亦可栽于道路两侧、林缘等处。

◆药用价值：花可入药，有清热通风、平肝明目的功效。

◆食用价值：黄金菊可以制作花草茶。

◆其他用途：黄金菊可用于制作精油等香料。

黄连木 漆树科黄连木属 *Pistacia chinensis* Bunge

◆形态特征：落叶乔木，高达25~30米，树干扭曲。树皮鳞片状剥落，奇数羽状复叶，小叶7~15片，长圆形或披针形，边缘有锯齿。圆锥花序，雄花序淡绿色，雌花序紫红色。核果倒卵状球形，成熟时紫红色。花期3~4月，果期9~11月。

◆生长习性：喜光，幼时稍耐阴，喜温暖气候，耐干旱瘠薄，对土壤要求不严。

◆观赏价值：枝叶繁茂秀丽，嫩叶红色，秋叶深红或橙黄色，花果也极具观赏价值，适宜于作庭荫树、行道树、观赏风景树及“四旁”绿化造林树种。

◆药用价值：树皮、叶和果实可入药，具有清热燥湿、泻火解毒等功效。

◆食用价值：嫩茎叶可以食用。

◆其他用途：木材坚韧致密、黄褐色、有光泽、易干燥、易加工，可用于民用建筑，亦可用于制造箱板、农具、家具等。果实和树皮含有鞣质，可用于提取栲胶。

黄皮

芸香科黄皮属

Clausena lansium (Lour.) Skeels

◆形态特征：小乔木，高可达12米。叶为复叶，小叶卵形或披针形，叶缘有钝锯齿，叶色深绿，有光泽。圆锥花序顶生，花白色。果椭圆形，黄褐色，果肉乳白色，果皮有特殊的香气。花期4~5月，果期7~8月。

◆生长习性：喜光，喜温暖湿润的气候，对土壤要求不严，喜肥沃疏松的土壤。

◆观赏价值：南方常见果树，树冠浓绿，开花时香气袭人，果实圆润可爱，常种植于庭院观赏。

◆药用价值：果实和叶可入药，具有消食化痰、疏风解表等功效。

◆食用价值：果实味道酸甜，营养丰富，是常见的食用水果。

◆其他用途：木材质地坚硬，可用于制作家具；果实和叶子含有香气，可用于提取香料。

黄蜀葵

锦葵科秋葵属

Abelmoschus manihot（L.）Medik.

◆形态特征：一年生或多年生草本，高1~2米。叶片近圆形，掌状5~9深裂，裂片长圆状披针形。花单生于枝端叶腋，花大，淡黄色，内面基部紫色。蒴果卵状椭圆形，种子多数，肾形。花期8~10月。

◆生长习性：喜光、喜温热环境，耐旱，对土壤要求不严。

◆观赏价值：花朵大，色彩鲜艳，花期长，适宜种植在建筑物旁、假山旁或用于点缀花坛、草坪等处。

◆药用价值：全草入药，有清热止血、消肿解毒等功效。

◆食用价值：嫩叶及花可食用。茎秆中可提炼植物胶作为食品添加剂，作为增稠剂广泛用于雪糕、面包、饼干等食品中。

◆其他用途：茎皮含纤维可代麻用，花中可提取花青素作为食品的着色剂。

蕙兰

兰科兰属

Cymbidium faberi Rolfe

◆形态特征：地生草本，假鳞茎不明显。叶5~8枚，带形，直立性强，叶脉透亮，边缘常有粗锯齿；花葶从叶丛基部最外面的叶腋抽出，近直立或稍外弯，总状花序具5~11朵或有更多的花，花常为浅黄绿色，唇瓣有紫红色斑，芳香。花期3~5月。

◆生长习性：喜温暖、湿润的环境，较耐寒，耐阴，喜含腐殖质的疏松土壤。

◆观赏价值：植株挺拔，花芳香优美，常作盆栽放于卧室、书房、客厅观赏。

◆药用价值：根皮入药。功能主治为润肺止咳、杀虫。

◆食用价值：花晒干可以制茶。

◆其他用途：花朵可以提取香精。

活血丹 唇形科活血丹属

Glechoma longituba (Nakai) Kupr.

◆形态特征：多年生草本。具匍匐茎，茎高10~20厘米。叶草质，下部较小，叶片心形或近肾形。轮伞花序通常2朵，花色粉红或紫红。小坚果长圆状卵形。花期4~5月，果期5~6月。

◆生长习性：喜温暖湿润的环境，较耐寒。常生于林缘、疏林下、草地边、溪边等阴湿处。

◆观赏价值：叶形优美，生长迅速，覆盖地面效果好。花淡蓝色或淡紫色，奇特优雅。可作为花境材料，可作封闭观赏草坪，也可种植于建筑物阴面或作林下耐阴湿的地被植物。

◆药用价值：全草入药，具有利湿通淋、清热解毒、散瘀消肿等功效。

◆食用价值：嫩茎叶可以食用。

◆其他用途：茎叶含有挥发油，可用于香料或化妆品行业。

藿香

唇形科藿香属

Agastache rugosa (Fisch. & C.A Mey.) Kuntze.

◆形态特征：多年生草本。高0.5~1.5米，茎直立，粗达7~8毫米；叶心状卵形至长圆状披针形；花冠淡紫蓝色。花期6~9月，果期9~11月。

◆生长习性：喜高温、潮湿，阳光充足的环境，对土质要求不严。

◆观赏价值：花淡紫色，十分优雅。花境、花坛、岩石园等处种植，丛植和片植均可。

◆药用价值：藿香可入药，有解表散寒、止呕、化湿的功效。

◆食用价值：嫩叶和花可以食用，常作为食材用于烹饪。

◆其他用途：藿香中所提取的芳香油可用于制作香水，还可作为芳香疗法的药用原料。它具有一定的驱虫效果，可用于自然驱虫。

鸡蛋花 夹竹桃科鸡蛋花属

Plumeria rubra L. 'Acutifolia'

◆形态特征：落叶灌木或小乔木，高约5米，枝条粗壮肉质，具乳汁。叶厚纸质，长圆状倒披针形或长椭圆形，多生于枝顶，顶端短渐尖，基部狭楔形，叶面深绿色，叶背浅绿色；聚伞花序顶生，花冠筒状，5裂，外面白色，中心鲜黄色，极芳香。花期5~10月。

◆生长习性：喜高温、湿润和阳光充足的环境，耐干旱，不耐寒，适宜在深厚肥沃、通透良好、富含有机质的酸性砂壤土生长。

◆观赏价值：树冠美观，花白色黄心，清香馥郁，叶大深绿色，夏季满树繁花，适宜于庭园栽培。

◆药用价值：鸡蛋花经晾晒干后可作中药，有清热解暑、润肺润喉等功效。

◆食用价值：白色的鸡蛋花晾干可作凉茶饮料。

◆其他用途：花可提取香精供制造高级化妆品、香皂和食品添加剂等。木质白色，质轻而软，可制乐器、餐具或家具。

积雪草 伞形科积雪草属

Centella asiatica（L.）Urb.

◆形态特征：多年生草本植物，具有匍匐的根状茎。茎细长，多分枝，高可达30厘米。叶互生，有长柄，叶片圆形或肾形，边缘有钝齿。花序为复伞形花序，花小，紫红色或乳白色果实两侧扁压，圆球形。花果期4~10月。

◆生长习性：喜温暖湿润的环境，耐阴，适应性强，耐寒性较差，对土壤要求不严。

◆观赏价值：叶色翠绿，叶形优美，覆盖性强，观赏期长，匍匐枝节节生根；适合在公园、绿地等疏林下、路边、山石边种植或用作地被植物。

◆药用价值：全草入药，有清热利湿、解毒消肿等功效。

◆食用价值：嫩叶可食用，具有特殊的香气，可以作为蔬菜食用，或用于制作茶饮。

◆其他用途：积雪草提取物在保健品和化妆品中有广泛的应用，如抗衰老面霜、修复受损肌肤的精华液等。

夹竹桃 夹竹桃科夹竹桃属

Nerium oleander L.

◆形态特征：常绿直立大灌木，高达5米，含乳液。叶革质，3~4枚轮生，下枝为对生，窄披针形；聚伞花序顶生，花冠漏斗状，深红色或粉红色，栽培演变种有白色或黄色，单瓣或重瓣，花芳香。蓇葖果长圆形，花期几乎全年，夏秋为最盛；果期一般在冬春季，栽培很少结果。

◆生长习性：喜温暖、湿润的气候，耐旱、耐贫瘠、不耐水湿、较耐寒。

◆观赏价值：花大色艳、花期长，抗污染能力强，常用作工厂绿化树种。

◆药用价值：叶、茎皮可提制强心剂，但有毒，用时需慎重。

◆其他用途：皮纤维为优良混纺原料；种子含油，可榨油供制润滑油。

姜花

姜科姜花属

Hedychium coronarium Koen.

◆形态特征：多年生草本，高1~2米。叶互生，叶片长狭；穗状花序顶生，花白色，芳香。花期6月。

◆生长习性：喜高温、高湿和稍阴的环境，在微酸性的肥沃砂壤土中生长良好，不耐寒。

◆观赏价值：花美丽，白色，芳香，开花期间似一群美丽的蝴蝶翩翩起舞，争芳夺艳，无花时则郁郁葱葱，绿意盎然。

◆药用价值：根茎可以入药，有温经止痛、解表发汗等功效。

◆食用价值：根茎和花朵可作为香料及烹饪原料。

◆其他用途：花朵和根茎可用于提取芳香精油。

藠头 石蒜科葱属

Allium chinense G. Don

◆形态特征：多年生草本植物。地下部分有鳞茎，呈白色或淡黄色，球形或稍扁，具有葱属植物特有的辛辣味。管状叶片丛生，叶色鲜绿。花茎从叶丛中抽出，伞形花序顶生，花小，花淡紫色至暗紫色。花果期10~11月。

◆生长习性：适应性较强，喜光，也能耐半阴，对土壤要求不严。

◆观赏价值：叶片翠绿，花茎挺拔，花序美观，适合作为花境、岩石园或自然景观中的点缀植物。

◆药用价值：具有消炎止痛、健胃消食、安神助眠等功效。

◆食用价值：鳞茎可供食用，常用于烹饪中作为调料或蔬菜，其制成的罐头味道酸甜可口。

◆其他用途：叶片和花也可用于提取香料。

结香　瑞香科结香属

Edgeworthia chrysantha Lindl.

◆形态特征：落叶灌木。小枝常作三叉分枝。花黄色，芳香，顶生头状花序，具花30~50朵成绒球状，花萼圆筒形，裂片4，花瓣状，因其枝条可打结，花朵芳香故名结香。花期冬末春初。

◆生长习性：喜半湿润半阴环境，喜温暖气候，能耐-20 ℃低温。

◆观赏价值：冠球形，枝叶美丽，花黄色，早春开花，芳香馥郁，是优良的观花观叶灌木。

◆药用价值：根和茎皮可入药，有清热解毒、收敛止血、消肿散瘀等功效。

◆食用价值：花晒干可以泡茶饮用。

◆其他用途：花和叶可用于提取芳香精油。

金边瑞香 瑞香科瑞香属

Daphne odora‘Aureomarginata’

◆形态特征：常绿灌木。单叶互生，革质，椭圆形或倒卵形，叶面光滑而厚，颜色深绿，边缘有金黄色条纹。顶生头状花序，每朵花由数十个小花组成，花白色带紫红色。花期3~5月，果期7~8月。

◆生长习性：喜半阴、通风环境，避免强烈的阳光直射，不耐寒、怕积水。适宜于肥沃、排水良好的微酸性土壤中生长。

◆观赏价值：叶缘镶金边，整齐光亮，花期长，花紫色芳香，适合在庭院种植或作盆栽，具有很好的观赏价值。

◆药用价值：根、树皮、叶及花均可入药，具有祛风除湿、活血止痛等功效。

◆食用价值：花可以制茶。

◆其他用途：花朵和叶可用于提取精油，茎皮纤维可作造纸原料。

豆科金合欢属 金合欢

Vachellia farnesiana (L.) Wight & Arn.

◆形态特征：常绿灌木或小乔木，高2~4米，树皮粗糙，有刺多分枝，有小皮孔。二回羽状复叶，头状花序1或2~3个簇生于叶腋，花小，黄色，有香味，荚果膨胀，近圆柱状，种子多颗，褐色，卵形。花期3~6月，果期7~11月。

◆生长习性：喜温暖、湿润的气候，喜光，耐旱、不耐寒，喜肥沃、疏松的土壤。

◆观赏价值：树形优美，花金黄可爱，可作盆景及绿篱观赏树种。

◆药用价值：根可制药，具祛痰、消炎、截疟等功效。

◆食用价值：花为蜜源植物。

◆其他用途：木材坚硬，可做贵重器具；根及荚果含丹宁，可为黑色染料；花极香，可提取香精。茎流出的树脂可供美容用及药用，品质较阿拉伯胶优良。

毛茛科金莲花属 金莲花

Trollius chinensis Bunge

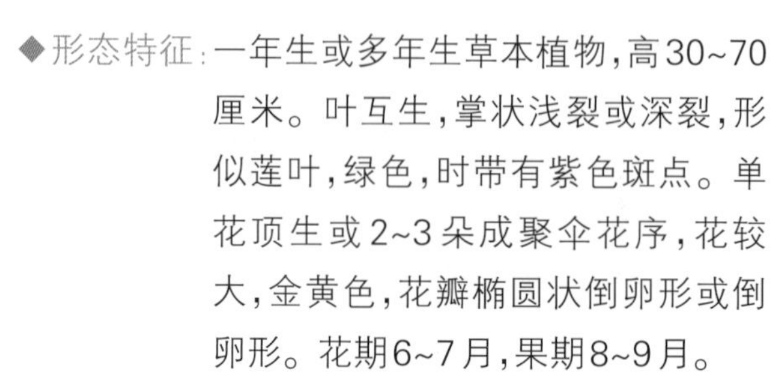

◆形态特征：一年生或多年生草本植物，高30~70厘米。叶互生，掌状浅裂或深裂，形似莲叶，绿色，时带有紫色斑点。单花顶生或2~3朵成聚伞花序，花较大，金黄色，花瓣椭圆状倒卵形或倒卵形。花期6~7月，果期8~9月。

◆生长习性：喜温暖湿润、阳光充足的环境，耐半阴、不耐热、耐寒性不强，对土壤要求不严。

◆观赏价值：茎叶形态优美，花大色艳，具有很高的观赏价值，适合作为花坛、花境的中心植物，或用于园林景观的点缀，也适合作为切花使用。

◆药用价值：花入药，有清热解毒、养肝明目、提神健胃等功效。

◆食用价值：金莲花可以用来制作花草茶。

◆其他用途：金莲花可用于制作精油等香料。

金缕梅 金缕梅科金缕梅属

Hamamelis mollis Oliv.

◆形态特征：落叶灌木或小乔木，高达8米。叶纸质或薄革质，阔倒卵圆形，边缘有波状钝齿。头状或短穗状花序腋生，花数朵，无花梗，花瓣带状，黄白色，有香味。蒴果卵圆形，密被黄褐色星状绒毛，种子椭圆形，黑色，发亮。花期5月。

◆生长习性：喜欢温暖的环境，耐寒，喜光耐半阴，对土壤的要求不高，适合多种土质的土壤。

◆观赏价值：树形雅致，花瓣纤细轻柔，花形婀娜多姿，颜色鲜艳，适宜于庭院栽植，也可丛植，花开时节满树金黄，蔚为壮观。

◆药用价值：根可入药，用于脾气虚弱症。

◆其他用途：金缕梅提取物可做美容产品，有抗菌收敛、抗衰老等功效。

金粟兰 金粟兰科金粟兰属

Chloranthus spicatus（Thunb.）Makino

◆形态特征：多年生草本或半灌木，高20~60厘米。根状茎横走，茎直立。叶对生，厚纸质，呈椭圆形或倒卵状椭圆形。穗状花序排列成圆锥花序状顶生，花小，白色或淡黄色，极芳香。花期4~6月，果期7~9月。

◆生长习性：喜温暖湿润的气候，耐寒性较强，适应性较广，可以在多种土壤类型中生长。

◆观赏价值：花穗状，花序密集，花朵小巧，颜色素雅，适宜作为地被植物或在花坛、花境中种植。

◆药用价值：全株可入药，具有祛风散寒、舒筋强骨、活血散瘀、消肿止痛等功效。

◆食用价值：花可以加入茶叶中泡茶，增添独特的花香味。

◆其他用途：叶片和花朵可提取精油，用于制作香水和化妆品。

金线蒲 菖蒲科菖蒲属

Acorus gramineus Soland

◆形态特征：多年生草本，高20~30厘米。根肉质，根茎较短，横走或斜伸，芳香，外皮淡黄色，根茎上部多分枝，呈丛生状。叶片质地较厚，线形绿色，手触摸之后香气长时不散，因此又称“随手香”，肉穗花序黄绿色，圆柱形，果黄绿色。花期5~6月，果7~8月成熟。

◆生长习性：喜温暖、湿润、半阴环境，喜疏松肥沃的中性或弱酸性土壤，耐水湿，较耐寒。

◆观赏价值：叶片黄绿色，具有彩色效果，看起来一片金黄，是美丽的观赏草，可作为林下地被或在湿地栽植，亦可盆栽观赏。

◆药用价值：根茎可入药，有化痰开窍、化温和胃等功效。

◆食用价值：根茎可作为食材食用，具有特殊的香味。

◆其他用途：特殊的香气可驱虫。

金银木 忍冬科忍冬属

Lonicera maackii（Rupr.）Maxim.

◆形态特征：落叶灌木或小乔木，常丛生成灌木状，株型圆满，高可达6米。花开之时初为白色，后变为黄色，故得名“金银木”。浆果球形亮红色。花期4~6月，果熟期9~10月。

◆生长习性：喜光、耐半阴、耐旱、耐寒。喜湿润肥沃及深厚的土壤。

◆观赏价值：金银木树势旺盛，枝叶丰满，初夏繁花满树，黄白间杂，芳香四溢，秋季红果缀于枝头，晶莹剔透，鲜艳夺目，而且挂果期长，经冬不凋，是良好的观赏灌木。

◆药用价值：花、叶和果实均可入药，有清热解毒的功效。

◆食用价值：花可泡茶，果实可食用。

◆其他用途：金银木是良好的蜜源植物，其花蜜丰富，可以吸引蜜蜂等传粉昆虫。

金樱子 蔷薇科蔷薇属

Rosa laevigata Michx.

◆形态特征：常绿攀援灌木，高可达5米，干枝密生，有刺。羽状复叶互生，小叶通常5~9片，革质，卵形或椭圆形，花单生或簇生于叶腋，花大，白色。果梨形，橙红色，密生褐色刺毛。花期4~6月，果期7~11月。

◆生长习性：喜光，喜温暖、湿润的环境。适应性强，对土壤要求不严。

◆观赏价值：四季常青，花色洁白，适宜于攀缘墙垣、篱栅作垂直绿化材料。

◆药用价值：果实和根在中医中被称为金樱子肉和金樱子根，具有利尿、补肾、强筋骨等功效。

◆食用价值：果实可食用，也可加工成果汁、果酱、果酒等食品。

◆其他用途：木材坚硬细密，可以作为建筑、家具等用材，果实和花朵也能作为香料利用。

金盏花 菊科金盏花属

Calendula officinalis L.

◆形态特征：一年或二年生草本，株高通常在20~60厘米。单叶互生，在基部叶为匙形，上部为椭圆形。花生于茎部顶端，头状花序，黄色或橘黄色，也有重瓣、卷瓣和绿心、深紫色花心等栽培品种。花期4~9月，果期6~10月。

◆生长习性：喜光、忌酷暑，较耐寒，适应性较广；可在多种土壤类型中生长，最宜在疏松肥沃、排水良好的土壤中生长。

◆观赏价值：色彩鲜艳，花形美丽，品种丰富，花期长，是优良的花坛观赏花卉；适宜栽植于花坛、花境及组成彩带色块，也可作切花观赏。

◆药用价值：金盏花被用于缓解炎症、促进伤口愈合，以及改善皮肤状况，也具有清热凉血、清热平肝等功效。

◆食用价值：花瓣和花朵可食用，常用于制作沙拉、装饰蛋糕和甜点，或用于泡茶。

◆其他用途：金盏菊提取物在化妆品和药品中有一定的应用，其消炎和促进伤口愈合的特性则成为护肤品中的常见主要成分。

锦葵 锦葵科锦葵属

Malv cathayensis M.G. Gibert, Y. Tang & Dorr

◆形态特征：二年生直立草本，高50~90厘米。叶圆心形或肾形，基部近心形至圆形，边缘具圆锯齿。花3~11朵腋生，单生或近簇生，排列成总状花序式，花色淡紫或紫红。花期5~10月。

◆生长习性：适应性强，在各种土壤上均能生长，耐寒、耐干旱，不择土壤，生长势强，喜阳光充足。

◆观赏价值：花紫红色，秀丽多姿，是园林观赏的佳品。可作花境材料，适宜在庭院四周栽种或盆栽观赏，亦可用于花坛，宜丛植和片植。

◆药用价值：根、茎、叶、花和种子均可入药，有清热利湿、解毒、利尿、缓泻、镇咳等功效。

◆食用价值：嫩叶、花、幼嫩种子可食。

◆其他用途：从花中提取的花青素可作为食品的着色剂，茎皮含纤维可代麻用。

荆芥 唇形科荆芥属

Nepeta cataria L.

◆形态特征：一年生或多年生草本，株高50~80厘米，有强烈香味。茎直立，多分枝，四棱形。叶对生，羽状深裂3~5片。轮伞花序集生长于枝顶成假穗状，花冠唇形，青紫或淡红色。小坚果卵形或椭圆形，表面光滑，棕色。花期6~8月，果期7~9月。

◆生长习性：适应性较强，喜光，对土壤要求不严，成长性以排水良好、肥沃的土壤为佳。

◆观赏价值：小花淡紫色，具有特殊气味，适宜作为地被植物，也可以用于布置庭院花境及岩石园。

◆药用价值：全株可入药，有解表散风、透疹消疮等功效。

◆食用价值：鲜嫩的茎叶供做蔬菜食用。

◆其他用途：荆芥叶片中富含芳香油，有驱虫灭菌的功效。

九里香

芸香科九里香属

Murraya exotica L.

◆形态特征：常绿灌木或小乔木。多分枝，奇数羽状复叶，互生，倒卵状椭圆形，全缘，平展。圆锥状聚伞花序顶生，或顶生兼腋生，花白色，极芳香。果橙黄至朱红色，阔卵形或椭圆形。花期4~8月，也有秋后开花，果期9~12月。

◆生长习性：喜温暖的环境，喜光、耐半阴、不耐干旱，对土壤要求不严，适宜于含腐殖质丰富、疏松、肥沃的砂壤土。

◆观赏价值：树姿优雅，四季常青，花洁白芳香，果实红色夺目，在园林中广泛应用，也是做盆景的优良材料。

◆药用价值：根及叶可入药，有行气活血、散瘀止痛、解毒消肿的功效。

◆食用价值：可用于烹饪调味。

◆其他用途：花朵和枝叶可提取芳香精油，用于制作香水、香薰等产品。

桔梗

桔梗科桔梗属

Platycodon grandiflorus (Jacq.) A. DC.

◆形态特征：多年生草本。茎高20~120厘米。叶全部轮生，部分轮生至全部互生，卵形或卵状披针形，边缘有锯齿。花单朵顶生或数朵集成假总状花序，花冠大，花蓝色、紫色或白色，开放时呈星状。花期7~9月。

◆生长习性：喜凉爽的气候，耐寒、喜阳光，适宜生长在较疏松的土壤中。

◆观赏价值：花大，花苞似铃铛，开放时为紫色或白色，素雅美丽，适宜庭院种植或花境点缀，也可成片种植。

◆药用价值：根部在中医中称为桔梗，有宣肺止咳、排脓消肿等功效。

◆食用价值：嫩叶和花可以食用，常腌制后作为小菜食用。

◆其他用途：根和种子可提取香精，用于制作香水和化妆品；桔梗也可用于制作天然染料。

菊花

菊科菊属

Chrysanthemum × *morifolium*（Ramat.）Hemsl.

◆形态特征：多年生草本，高60~150厘米。茎直立，被柔毛，叶卵形至披针形，羽状浅裂或半裂，头状花序生于枝顶，直径2.5~20厘米，大小不一，舌状花为雌花，管状花为两性花，花色则有红、黄、白、橙、紫、粉红、暗红等各色，培育的品种极多。花期9~11月。

◆生长习性：喜光、喜凉爽气候，较耐寒，耐旱忌涝，适宜于排水和通气良好、富含有机质的土壤。

◆观赏价值：花色丰富，形态各异，可用于园路、公园、庭廊等绿化栽培，也可作花坛花境栽植，是重要的盆花和切花花卉。

◆药用价值：菊花的花是清凉药，味寒、甘苦、散风清热，明目平肝。

◆食用价值：花叶具香气，可做菊花茶。

◆其他用途：菊花可提取精油用于制作香水、香薰等产品，还可提取色素，用于制作食品、化妆品等消费品。

菊花桃 蔷薇科李属

Prunus persica（L.）‘Juhuatao’

◆形态特征：落叶灌木或小乔木，树干灰褐色，小枝灰褐至红褐色，细长且无毛，叶椭圆状披针形，花粉红色或红色，重瓣，花瓣较细，盛开时形似菊花。花期3~4月，花先于叶开放或花叶同放，花后一般不结果。

◆生长习性：喜光、喜通风良好的环境，耐旱、耐高温和严寒，不耐阴，忌水涝。适宜在疏松肥沃、排水良好的中性至微酸性土壤生长。

◆观赏价值：花形酷似菊花，是观赏桃花中的珍贵品种，株型紧凑，开花繁茂，花形奇特，色彩鲜艳，可用于庭院及行道树栽植，也可栽植于广场、草坪等地。

◆药用价值：菊花桃的花晒干，可以制茶。

◆食用价值：花阴干可以泡茶饮用。

◆其他用途：是良好的蜜源植物，能吸引蜜蜂等传粉昆虫。

孔雀草 菊科万寿菊属

Tagetes patula L.

◆形态特征：一年生草本，株高可达60厘米。茎直立，茎基部分枝。叶羽状分裂，裂片边缘有锯齿。头状花序，单生；舌状花金黄色或橙色，带有红色斑；管状花花冠黄色。瘦果线形。花期7~9月，果期8~10月。

◆生长习性：喜光，但在半阴处栽植也能开花，对土壤要求不严，生长迅速。

◆观赏价值：花色丰富，有红褐色、黄褐色、淡黄色、紫红色等不同颜色的斑点，开花整齐，极具观赏价值，适宜于花坛、广场、花境、庭园布置。

◆药用价值：全草可入药，有消炎、镇痛等功效。

◆食用价值：嫩叶可以用于制作沙拉或烹饪。

◆其他用途：花和叶含有精油，可提取用于制作香水和化妆品。此外，孔雀草还可用于制作天然染料。

宽叶非 石蒜科葱属

Allium hookeri Thwaites

◆形态特征：多年生草本，高20~60厘米。根肉质，粗壮，鳞茎圆柱形，外皮膜质。伞形花序近球形，花多而密集，花梗纤细近等长，花白色，星芒状展开。花果期8~9月。

◆生长习性：性喜冷凉，忌高温多湿，生育适温为15~20℃。土质以排水良好、肥沃且富含有机质之砂壤土最佳，土壤保持湿润生长较旺盛。

◆观赏价值：叶碧绿，花球形，观赏价值较高。适宜于花境，也用于疏林下做地被。

◆药用价值：茎叶入药，有消肿止痛、促进消化、抗菌等功效。

◆食用价值：叶片和花茎可以食用，具有葱属植物特有的辛辣味，可用于调味或作为蔬菜食用。

◆其他用途：叶片和花茎还可以用于提取香料。

金缕梅科蜡瓣花属

蜡瓣花

Corylopsis sinensis Hemsl.

◆形态特征：落叶灌木，嫩枝有柔毛，老枝秃净，有皮孔；叶薄革质，倒卵圆形或倒卵形，有时为长倒卵形，总状花序长，花序下垂，花瓣黄色，形如匙形，具有芳香，蒴果近圆球形，种子为黑色。

◆生长习性：喜阳，也耐阴，较耐寒，喜温暖、湿润、富含腐殖质的酸性或微酸性土壤。萌芽性强，能天然下种繁殖。

◆观赏价值：蜡瓣花早春开花，花序累累下垂，花色鲜黄，光泽如蜡，芳香宜人，适宜在庭园内配植于角隅，作为观赏植物；也适合盆栽观赏，具有很高的观赏价值。

◆药用价值：根皮可入药，用于恶寒发热、呕逆心烦、烦乱昏迷。

◆食用价值：花阴干可以泡茶饮用。

◆其他用途：木材还可以用于制作家具或工艺品。

蜡梅

蜡梅科蜡梅属

Chimonanthus praecox（L.）Link

◆形态特征：落叶灌木，高达4米。叶半革质，椭圆状卵形至卵状披针形，花单生，花蜡黄色，芳香，果托近木质化，坛状。花期11月至翌年3月，果期4~11月。

◆生长习性：喜光亦耐阴、耐寒、耐旱、忌积水，喜肥沃、疏松、排水良好的微酸性土壤。

◆观赏价值：冬末初春开花，花黄如蜡，清香四溢，果期长，为冬季观赏佳品。

◆药用价值：花蕾具有解暑生津、开胃散郁、止咳的功效，而根和根皮则具有解毒、止血等药用功效。

◆食用价值：花阴干可以泡茶饮用。

◆其他用途：花朵可用于提取芳香精油。

◆形态特征：常绿乔木，高约10米。叶对生，羽状复叶，小叶2~4对，革质，椭圆形或长圆形，全缘。花序顶生，花小，白色或淡黄色，有香气。果实为核果，成熟时红色或暗红色，果皮有鳞斑状突起，内含种子。花期3~4月，果期5~8月。

◆生长习性：喜高温高湿的气候，喜光向阳，不耐低温，喜富含腐殖质的酸性土壤。

◆观赏价值：树形美观，枝叶浓密，花有香气，果实色彩鲜艳，具有较高的观赏价值。适宜于作园林绿化树种，亦可作为庭院树、行道树。

◆药用价值：种子可入药，具有理气止痛、健脾益肝等功效。

◆食用价值：果实鲜红可爱，香甜可口，营养丰富，被誉为果中珍品。

◆其他用途：木材质地坚硬，可用于制作家具。

荔枝 无患子科荔枝属

Litchi chinensis Sonn.

荔枝草 唇形科鼠尾草属

Salvia plebeia R. Br.

◆形态特征：一年生或二年生草本。主根肥厚，向下直伸，有多数须根。茎直立，叶椭圆状卵圆形或椭圆状披针形，轮伞花序，花冠淡红色、淡紫色、紫色、蓝紫色至蓝色，稀白色，小坚果倒卵圆形。花期4~5月，果期6~7月。

◆生长习性：喜光，喜温暖、湿润的环境，耐寒，种植土壤以较肥沃、疏松的夹砂土为好。

◆观赏价值：花色淡雅，可作为药草园植物栽植。

◆药用价值：全草可入药，具有清热解毒、凉血散瘀、利水消肿等功效。

◆食用价值：有一定的食用价值，可以当作野菜来食用。

◆其他用途：荔枝草中含有较丰富的抑菌活性成分，可作为植物杀菌剂和除草剂，抑制杂草的生长。

连翘

木樨科连翘属

Forsythia suspensa (Thunb.) Vahl

◆ 形态特征：落叶灌木。枝开展或下垂，棕色或淡黄褐色，节间中空，节部具实心髓。叶通常为单叶，叶片呈卵形或椭圆形，花单生或2至数朵着生于叶腋，先叶开放，花冠黄色，果卵球形或长椭圆形。花期3~4月，果期7~9月。

◆ 生长习性：喜温暖湿润的气候，喜阳光充足，耐寒力强，耐旱，不耐水湿，对土壤要求不严。

◆ 观赏价值：树枝优美，生长旺盛，早春先叶开花，盛开时满枝金黄，芬芳四溢，是早春优良的观花灌木，可以做成花篱、花丛、花坛。

◆ 药用价值：果实入药，具有清热解毒、散结消肿之功效。

◆ 食用价值：花可以制茶。

◆ 其他用途：连翘籽含油率达25%~33%，籽实油含胶质，挥发性能好，是绝缘油漆工业和制作化妆品的良好原料。

莲(荷花) 莲科莲属

Nelumbo nucifera Gaertn.

◆形态特征：多年生水生草本，具横走肥大地下茎(藕)，叶大圆形，盾状，花单生，颜色丰富。花谢后花托膨大为莲蓬，果实初青绿色，熟时深蓝色。花期6~8月，果期8~10月。

◆生长习性：喜相对稳定、深0.3~1.2米的静水，喜光，不耐阴，喜热，对土壤要求不严，但以富含有机质的肥沃黏土为宜。

◆观赏价值：种类丰富，花朵芳香美丽，花谢后莲蓬也极具观赏价值，是传统的水生观赏花卉。

◆药用价值：莲的多个部分在传统中医中都有药用价值，莲子有补脾止泻、养心安神的功效。莲藕可用于清热、凉血、散瘀。莲叶可用于清热解毒、利尿。

◆食用价值：莲子、莲藕、花朵均可食用，莲叶也可用来包裹食物进行蒸煮，增添清香。

◆其他用途：莲有助于净化水质，对改善生态环境具有积极作用。

铃兰 百合科铃兰属

Convallaria keiskei Miq.

◆形态特征：多年生草本植物，植株全部无毛，高18~30厘米，常成片生长。叶基生，椭圆形或卵状披针形，先端近急尖，基部楔形。花葶高15~30厘米，总状花序稍外弯，花白色，钟状，下垂具芳香。浆果熟后红色，稍下垂。花期5~6月，果期7~9月。

◆生长习性：喜半阴、凉爽湿润环境，耐寒，忌炎热。对土壤要求不严，适宜于林下土层深厚、富含腐殖质、疏松肥沃的壤土种植。

◆观赏价值：植株矮小，幽雅清丽，芳香宜人，是一种优良的盆栽观赏植物，通常用于花坛花境；亦可作地被植物，是一种优良的观赏植物。

◆药用价值：铃兰味甘、苦，性温，有毒。具有温阳行水、活血止血、祛风解毒、化湿止带等功效。

◆其他用途：花芳香，可用来提取芳香油。

凌霄　紫葳科凌霄属

Campsis grandiflora（Thunb.）Schum.

◆形态特征：攀缘藤本，树皮枯褐色。叶对生，奇数羽状复叶，小叶7~9枚，卵形至卵状披针形，边缘有粗锯齿。花大，钟形，着生于枝端，橙色或红色。蒴果长条形，成熟时裂开，种子有翅。花期5~8月。

◆生长习性：喜光，喜欢温暖的环境，耐寒性较强，耐干旱，要求肥沃、深厚、排水较好的砂壤土。

◆观赏价值：干枝虬曲多姿，花大色艳，花期较长，是优良的庭院攀缘观赏植物。

◆药用价值：花和茎可入药，具有清热解毒、活血消肿等功效。

◆其他用途：茎皮纤维可用作制造绳索。

留兰香 唇形科薄荷属

Mentha crispata Schrad. ex Willd.

◆形态特征：多年生草本植物。茎直立，绿色，钝四棱形，具槽及条纹。叶对生，披针形至椭圆状披针形，边缘有疏锯齿。轮伞花序密集成顶生的穗状花序，花冠紫色或白色。花期7~8月，果期8~9月。

◆生长习性：适应性强，喜温暖、湿润的环境，喜光，耐高温，适宜栽植于砂质、土质松散的弱酸性土壤。

◆观赏价值：花形美观，花期较长，可作为园林观赏植物药用，亦可在芳香园种植。

◆药用价值：全株入药，具有祛风散寒、止咳、消肿解毒等功效，外用亦可治跌打肿痛、小儿疮病等病症。

◆食用价值：嫩枝、叶还可作调味香料食用，也可作薄荷茶饮。

◆其他用途：植株含芳香油、柠檬烃、水芹香油烃等，可作糖果、牙膏用香料。

龙胆科龙胆属 龙胆

Gentiana scabra Bunge

◆形态特征：多年生草本，高可达60厘米，根茎平卧或直立。叶对生，卵形或披针形，花单生或簇生于茎顶，花冠蓝紫色或紫色，漏斗状，有时喉部具黄绿色斑点，筒状钟形。蒴果宽椭圆形，种子褐色，有光泽，线形或纺锤形。花果期5~11月。

◆生长习性：喜冷凉气候，耐寒性强，忌高温和强光直射，适宜生长在疏松肥沃、排水良好的土壤中。

◆观赏价值：花朵色彩鲜艳，花形优雅，花期长，适宜于作园林中的点缀植物，或用于花坛、花境的布置。

◆药用价值：根和根茎可入药，具有清热燥湿、泻肝胆火、明目等功效。

◆其他用途：龙胆的提取物可用于制作染料，其花朵和叶片也可用于制作香皂、洗发水等日化品。

龙吐珠 唇形科大青属

Clerodendrum thomsoniae Balf. f.

◆形态特征：多年生常绿藤本植物，高2~5米。茎四棱，单叶对生，深绿色，卵状矩圆形或卵形。聚伞花序，顶生或腋生，花萼白色，花冠深红色，与白色花萼形成鲜明的色彩对比。核果近球形，棕黑色。花期3~5月。

◆生长习性：喜温暖、湿润和阳光充足的半阴环境，不耐寒，喜肥沃、疏松和排水良好的砂壤土。

◆观赏价值：花形奇特、开花繁茂，深红色的花冠从白色的萼内伸出，状如吐珠，具有很高的观赏价值，主要用于温室栽培观赏，可作花架植物，也可作盆栽点缀窗台和夏季小庭院。

◆药用价值：龙吐珠有清热解毒、散瘀消肿等功效。

罗勒 唇形科罗勒属

Ocimum basilicum L.

◆形态特征：一年生草本，高20~80厘米。茎直立，钝四棱形。叶卵圆形至卵圆状长圆形。总状花序顶生于茎、枝上，花萼钟形，花冠淡紫色或白色。小坚果卵球形，黑褐色。花期7~9月，果期9~12月。

◆生长习性：喜温暖、湿润的气候，不耐寒，对土壤要求不严。

◆观赏价值：叶片青翠欲滴，花朵小巧可爱，全株芳香，适宜于盆栽及芳香园栽植。

◆药用价值：全草入药，有疏风解表、化湿和中、行气活血、解毒消肿等功效。

◆食用价值：嫩叶可食用，亦可泡茶饮用。

◆其他用途：花可提炼精油，用于配制香水、花露水。

络石

夹竹桃科络石属

Trachelospermum jasminoides (Lindl.) Lem.

◆形态特征：木质藤本，长达10米，具有乳汁。茎圆柱形，赤褐色。叶革质或近革质。二歧聚伞花序腋生或顶生，花多朵组成圆锥状，花白色，芳香。花期3~7月，果期7~12月。

◆生长习性：喜弱光，亦耐烈日高温。攀附墙壁，阳面及阴面均可。对土壤的要求不苛，较耐干旱，但忌水湿。

◆观赏价值：常绿，花形奇特，芳香，十分美丽。常做花境材料，岩石、墙垣上生长或做林下地被植物。

◆药用价值：络石藤（络石的干燥带叶藤茎）具有祛风通络、凉血消肿的功效。注意乳汁有毒，对心脏有害。

◆食用价值：络石花可以用来制茶。

◆其他用途：花可以提取香精。

马鞭草 马鞭草科马鞭草属

Verbena officinalis L.

◆形态特征：多年生草本植物，高可达1.2米。茎四棱，叶卵形、倒卵形或长圆状披针形，植株有香味。穗状花序顶生和腋生，花小而稀疏，无柄，花萼长约2毫米，花冠淡紫色至蓝色。穗状果序，小坚果长圆形。花期6~8月，果期7~10月。

◆生长习性：喜温暖的气候，不耐寒，怕涝，不耐干旱，对土壤要求不严。

◆观赏价值：马鞭草带有清爽、宜人的香气，株型优美，花色幽雅，花期长达2个月，适宜栽培于花境、花坛、草坪、林缘等处，也适合作为花海种植。

◆药用价值：全草供药用，有清热解毒、利水消肿、活血散瘀、止血止痛等功效。

◆食用价值：可用于泡茶，是受人欢迎的花草茶之一。

◆其他用途：马鞭草带有清爽、宜人的香气，可作化妆品和香水原料。

马缨丹(五色梅)　马鞭草科马缨丹属

Lantana camara L.

◆形态特征：直立或蔓性灌木，高1~2米，有时为藤本状。茎枝四方形，单叶对生，卵形或心形，边缘有锯齿，揉烂后有强烈气味。多数小花密集成半球形头状花序，花冠筒状，黄色、橙黄色至深红色。果圆球形，全年开花，盛花期夏季至秋季。

◆生长习性：喜光，喜温暖湿润的气候，过冬最低温度为5~6 ℃，南京地区室外需覆盖，对土壤要求不严。

◆观赏价值：生长强健，花色丰富，鲜艳美丽，是优良的庭园观赏植物，适宜于庭园丛植观赏及花境景观布置。

◆药用价值：全株可入药，具有清热解毒、消炎止痛等功效。

◆其他用途：花和叶可提取精油，用于制作香水和化妆品。

玫瑰 蔷薇科蔷薇属

Rosa rugosa Thunb.

◆形态特征：叶灌木，枝杆多针刺。奇数羽状复叶，互生。小叶椭圆形或椭圆状倒卵形。花瓣倒卵形，重瓣至半重瓣；花有紫红色、白色，芳香；果扁球形。花期5~6月，果期8~9月。

◆生长习性：喜阳光充足，耐寒、耐旱，喜排水良好、疏松肥沃的壤土或轻壤土。

◆观赏价值：花艳，极具芳香，是优良的芳香花卉。适用于城市、街道、庭园绿化，可作花篱、花境、花坛及百花园的材料。

◆药用价值：花可入药，具有理气解郁、和血散瘀的功效。果实富含维生素C，具有抗氧化、美白肌肤等功效。

◆食用价值：玫瑰花可制作成玫瑰酱、玫瑰花茶、玫瑰糕点等多种美食，果也可以食用，富含维生素和矿物质。

◆其他用途：花朵和精油常被用于香水、化妆品和精油产品的制造。

玫瑰茄 锦葵科木槿属

Hibiscus sabdariffa L.

◆形态特征：一年生直立草本，高达2米，茎淡紫色，无毛。叶片通常为长圆形或卵圆形，边缘有锯齿。花单生于叶腋，大而显著，有红色、黄色或橙色等颜色，花萼钟形，肉质，花瓣5枚。蒴果卵球形。花期7~10月，果期11~12月。

◆生长习性：喜阳光充足，喜温暖湿润的气候，耐旱、耐贫瘠，怕涝，忌积水，不耐寒，对土壤要求不严。

◆观赏价值：花朵大而艳丽，色彩丰富，常被种植在花坛、庭院或作为盆栽观赏。

◆药用价值：果实（尤其是干燥的萼片）可入药，具有利尿、清热、消积、降压等功效。

◆食用价值：花萼和小苞片肉质，味酸，常用来制果酱；干果可用来冲泡茶和制作饮料，花萼也可以提取玫瑰茄色素，用作食品行业的食品添加剂。

◆其他用途：茎皮纤维供搓绳索用。

梅花 蔷薇科李属

Prunus mume Siebold & Zucc.

◆形态特征：小乔木，高4~10米；树皮浅灰色或带绿色，平滑；小枝绿色，光滑无毛。叶片卵形或椭圆形，叶边常具小锐锯齿，灰绿色。花单生或有时2朵同生于1枚花芽内，香味浓，先于叶开放；花萼通常红褐色，但有些品种的花萼为绿色或绿紫色；花瓣倒卵形，白色至粉红色。花期1~3月，果期5~6月。

◆生长习性：喜阳光充足、通风良好的环境，耐旱、耐寒，适宜在疏松肥沃、排水良好的土壤中生长。

◆观赏价值：梅花为我国十大名花之一，形态美观，花色多样，花香浓郁，花期在冬末春初，是重要的观赏植物。

◆药用价值：果实、花朵和根均可入药，具有收敛、止咳、止泻的功效。

◆食用价值：果实可食用，味酸，是制作梅干、梅酒等食品的原料。

◆其他用途：花可提取香精。

美国薄荷 唇形科薄荷属

Monarda didyma L.

◆形态特征：多年生草本。株高100厘米左右，四棱形。叶对生，卵形或卵状披针形。花朵密集于茎顶，花冠长5厘米，花簇生于茎顶，花冠管状，淡紫红色。花期6~7月。

◆生长习性：性喜凉爽、湿润、向阳的环境，亦耐半阴。适应性强，不择土壤。耐寒、耐旱，忌过于干燥。适宜于在排水性良好的肥沃土壤中生长。

◆观赏价值：株丛繁盛，枝叶芳香，花色鲜丽，花期长久，花开于夏秋之际，十分引人注目，是良好的芳香、观花地被植物。

◆药用价值：叶片和花朵可用来制作茶饮，有助于缓解一些消化问题和减轻感冒症状。

◆食用价值：叶片和花朵可以用来调味，为食物增添清新的香气。

◆其他用途：精油也可用于香薰治疗。

美国蜡梅

蜡梅科夏蜡梅属

Calycanthus floridus L.

◆形态特征：落叶灌木，丛生。叶片椭圆形或卵圆形，叶色浓绿，晚秋呈金黄色。花顶生，花瓣细长，红褐色，有甜香的味道。花期 5~7 月，果期9~10月。

◆生长习性：喜温暖、湿润的气候，怕烈日暴晒，耐寒冷。

◆观赏价值：花朵红褐色，朴素大方，芳香馥郁，非常美丽，是优良的花灌木。

◆食用价值：花朵可以用来制茶。

◆其他用途：花朵可用于提取芳香精油。

美人梅 蔷薇科李属

Prunus × *blireana* ‘Meiren’

◆形态特征：落叶小乔木，由重瓣粉型梅花与红叶李杂交而成。叶互生，叶片卵圆形，紫红色。花粉红色，着花繁密，半重瓣或重瓣，有香味，花叶同放，果实球形，鲜红色。花期3~4月，果期5~6月。

◆生长习性：喜温暖、湿润和阳光充足的环境，耐寒性强，适应性强，对土壤要求不严。

◆观赏价值：叶色亮红，枝条紫红，花朵繁密鲜艳，可布置庭院，作梅园、梅溪等景观时，可大片栽植；也可作盆栽，制作盆景等。

◆药用价值：花叶可入药，具清热解毒、润肠通便等功效。

◆食用价值：果肉较厚，味甘甜，可食用，可制作蜜饯或泡酒。

◆其他用途：可制作美容产品，如美容面膜、美容水等，有助于保护皮肤、滋润肌肤、延缓衰老。

迷迭香 唇形科迷迭香属

Rosmarinus officinalis L.

◆形态特征：常绿灌木，温带香草植物。叶灰绿色，狭尖细状，叶片会散发松树香味。总状花序，花色有白、蓝、粉、红、淡紫等色。花期4~6月。

◆生长习性：喜日照充足、凉爽干燥的环境，较耐旱。适宜栽植于富含砂质、排水良好的土壤。

◆观赏价值：四季常绿，花色丰富，有淡淡的松香味，是芳香花卉园的重要观赏植物。适作为花境之林，美化庭园，亦可用于香草花园的景观布置。

◆药用价值：叶可药用，有抗氧化、改善记忆、消炎的功效。

◆食用价值：叶可作为食物的调味料及用于制作香草茶。

◆其他用途：叶可提取精油，用于制作香水和化妆品，香气具有驱虫效果。

米仔兰(米兰)

楝科米仔兰属

Aglaia odorata Lour.

◆形态特征：常绿灌木或小乔木，株高4~7米，茎直立，分枝多而密。奇数羽状复叶，互生，小叶倒卵形或长椭圆形，翠绿有光泽。圆锥花序腋生，花小，黄色圆球形，具有浓香。浆果卵形或近球形。自然花期为6~9月，栽培条件下通常不结果。

◆生长习性：喜温暖、湿润的气候，喜光，不耐阴，不耐寒冷。适宜在肥沃、排水良好的砂质土壤生长。

◆观赏价值：米兰花小如粟米，密似繁星、清香幽雅、可爱质朴，深受大家喜爱。盆栽可陈列于客厅、书房，在南方庭院中是极好的风景树。

◆药用价值：花叶具有一定的药用效果，有行气解郁、活血化瘀、消肿止痛等功效。

◆食用价值：花可以用来制茶。

◆其他用途：米兰是提炼香精和熏制花茶的好原料。

密蒙花 玄参科醉鱼草属

Buddleja officinalis Maxim.

◆形态特征：灌木，高度可达1~4米。小枝略呈四棱形，灰褐色，小枝、叶下面、叶柄和花序均密被灰白色星状短绒毛。叶对生，纸质，狭椭圆形、长卵形、卵状披针形或长圆状披针形，花多而密集，组成顶生聚伞圆锥花序，花冠白色或淡紫色。蒴果椭圆状。花期3~4月，果期5~8月。

◆生长习性：喜阳，适应性较强，对土壤要求不严。

◆观赏价值：花朵芳香美丽，花色清新，适宜于庭园观赏栽植。

◆药用价值：全株供药用，有祛风、凉血、润肝、明目等功效。

◆食用价值：花可以制茶。

◆其他用途：花可提取芳香油，亦可做黄色食品染料；茎皮纤维坚韧，可做造纸原料。

绵枣儿 天门冬科绵枣儿属

Barnardia japonica (Thunb.) Schult. & Schult. f.

◆形态特征：多年生草本植物，地下鳞茎卵形或近球形。叶基生，呈线形或线状披针形。花葶通常比叶长，总状花序，花小，花被片6枚，花紫红色、粉红色至白色。蒴果近倒卵形，种子1~3颗，黑色。花果期7~11月。

◆生长习性：适应性较强，喜光也耐半阴，较耐寒、耐旱，在富含腐殖质的向阳山坡上生长最多。

◆观赏价值：绵枣儿花色艳丽，持续时间长，耐寒、耐旱性强，生长季节不需要特殊管理，病虫害较少，具有较高的观赏价值。

◆药用价值：全株有毒，具有强心利尿、消肿止痛、解毒等功效。

◆食用价值：鳞茎可以煮粥或做汤。

茉莉花 木樨科素馨属

Jasminum sambac（L.）Aiton

◆形态特征：常绿灌木或藤本植物，高达3米。枝条细长，呈圆形或稍扁，有时中空。叶对生，呈椭圆形或卵状椭圆形，表面光滑、富有光泽。聚伞花序顶生，白色，极芳香。果球形，径约1厘米，呈紫黑色。花期5~8月，果期7~9月。

◆生长习性：喜温暖、湿润和阳光充足的环境，较耐寒，冬季温度过低时需采取保暖措施。其生长适应性较强，但更偏好排水良好、肥沃的土壤中生长。

◆观赏价值：花朵洁白，香气浓郁，是园林中重要的芳香植物，也常用于室内装饰。

◆药用价值：花和叶可药用，有清热解毒、安神等功效。

◆食用价值：花常用于制作茉莉花茶，增添茶的香气，也可用于烹饪制作甜点。

◆其他用途：花朵可以提取精油，用于制作香水和化妆品。

墨西哥鼠尾草 唇形科鼠尾草属

Salvia leucantha Cav.

◆形态特征：多年生草本，株高约30~70厘米。叶片披针形或卵形，对生，上具绒毛，有香气。穗状花序顶生，花为蓝紫色或紫红色，具有丝绒质感，具绒毛，白至紫色。花期8~11月。

◆生长习性：喜光，也稍耐阴，适合生长于温暖、湿润的环境。

◆观赏价值：花叶俱美，花蓝紫色，毛绒绒的花穗随风摇曳，别有一番情趣。可做花境材料，适宜用于公园、风景区林缘坡地、草坪一隅及湖畔河岸的布置；还可用作盆栽和切花的用材。

◆食用价值：花具清香，可作花草茶。

◆其他用途：墨西哥鼠尾草还可以用于萃取精油、制作香包等用途。

牡丹

芍药科芍药属

Paeonia×suffruticosa Andr.

◆形态特征：多年生落叶灌木，茎高达2米。叶通常为二回三出复叶，花单生枝顶，花瓣5单或为重瓣，花大，花色丰富，有玫瑰色、红紫色、粉红色至白色，通常变异很大，蓇葖长圆形。花期5月，果期6月。

◆生长习性：喜凉怕湿，可耐-30 ℃的低温，喜阴，不耐暴晒。适应于疏松、肥沃、排水良好的中性土壤或砂壤土中生长。

◆观赏价值：品种繁多，色泽亦多，花大色艳，雍容华贵，历来为人们所喜爱。适宜于园林中丛植或孤植观赏，布置花坛、花境。

◆药用价值：根皮供药用，称为丹皮，有清热凉血、活血散瘀、消炎止痛等功效。

◆食用价值：花瓣在一些地区可食用，用于制作甜点或作为菜品的装饰。花也可做茶饮。

◆其他用途：花瓣和种子可以提取精油，用于制作香水和化妆品。

牡蒿　菊科蒿属

Artemisia japonica Thunb. subf. *angustissima*（Nakai）Pamp.

◆形态特征：多年生草本，植株有香气。茎单生或少数。叶纸质，叶为绿色或紫褐色，头状花序排列成圆锥花序状，花冠管状。瘦果小，倒卵形。花果期7~10月。

◆生长习性：喜温暖、湿润的环境，适应性强，耐贫瘠。

◆观赏价值：多年生草本植物，适应性强，可作为芳香植物栽植。

◆药用价值：全草入药，具有解表、清热、凉血等功效。

◆食用价值：嫩苗、嫩茎叶可食，又可作家畜饲料。

◆其他用途：根系粗大，耐盐碱，茎和枝耐沙，可以作为抗御风沙的先锋植物或者辅助植物。

牡荆 唇形科牡荆属

Vitex negundo var. *cannabifolia*（Siebold & Zucc.）Hand.-Mazz.

◆形态特征：落叶灌木或小乔木。小枝四棱形。叶对生，掌状复叶，小叶片披针形或椭圆状披针形。圆锥花序顶生，花冠淡紫色。果实近球形，黑色。花期6~7月，果期8~11月。

◆生长习性：喜光、耐寒、耐旱、耐瘠薄土壤，生长适应性强。

◆观赏价值：树姿优美，老桩苍古奇特，可用于草坪、花境、园林栽培，也是杂木类树桩盆景的优良树种。

◆药用价值：茎、叶、果、根均可入药，有解热镇痛、降压、保肝利胆、除湿解毒等多种功效。

◆食用价值：嫩茎叶可以食用。

◆其他用途：茎皮可造纸及制人造棉，花和枝叶可提取芳香油。

木瓜　蔷薇科木瓜属

Pseudonia sinensis (Thouin) C.K. Schneid.

◆形态特征：落叶灌木或小乔木，高达5~10米，树皮成片状脱落。叶椭圆卵形，先端急尖。花单生于叶腋，淡粉红色。果实长椭圆形，暗黄色，木质，有芳香味。花期4月，果期9~10月。

◆生长习性：喜光，喜温暖、湿润的环境，耐寒，不耐积水，对土壤要求不严。

◆观赏价值：树枝优美，花色烂漫，果实黄色有芳香，病虫害少，是优良的庭院绿化观花、观果树种。

◆药用价值：果实可入药，有健脾消食、缓解风湿、利尿等功效。

◆食用价值：果实可以食用，制作果汁、果酱、甜点等甜食。

◆其他用途：木材坚硬，可用于制作家具和其他木制品。

山茶科木荷属 木荷

Schima superba Gardner & Champ.

◆形态特征：大乔木，高度可达25米。叶革质或薄革质，椭圆形或倒卵形，边缘有细锯齿。花生于枝顶叶腋，常多朵排成总状花序，花大，白色，花瓣长，最外1片风帽状。花期6~8月。

◆生长习性：喜温暖、湿润的气候，耐阴，可以生长在阳光较少的地方。有一定的耐寒性，适宜生长于疏松、肥沃的砂壤土。

◆观赏价值：花大白色，具有较好的观赏价值。常用于城市绿化和园林造景，因其具有耐阴性，也适合作为行道树。

◆药用价值：根皮被用作中药，具有攻毒、消肿的功效，常用于疔疮和无名肿毒的治疗。

◆食用价值：木荷花蜜可食用。

◆其他用途：木材坚硬，可用于制作家具和建筑材料。

木槿 锦葵科木槿属

Hibiscus syriacus L.

◆形态特征：落叶灌木。叶菱形至三角状卵形。花单生于枝端或侧枝上；花钟形，花色丰富，有淡紫、纯白、粉色、紫红等，有单瓣、重瓣等。果实为圆锥形蒴果。花期7~10月。

◆生长习性：喜温暖、湿润，稍耐阴、耐修剪，耐热、耐寒，抗污染能力强。

◆观赏价值：花色丰富，花形多样，是夏秋季节重要的观花灌木。在园林中可做花篱式绿篱，可作花境布置，也可作为庭园绿化及工厂绿化树种。

◆药用价值：花和叶、根、皮和种子均可入药，有清热解毒、收敛止泻、祛风除湿等功效。

◆食用价值：花蕾和花朵可食用。花及叶可泡茶饮用。

◆其他用途：木槿纤维可用于制作绳子和纺织品。花朵可提取染料色素。

木通　木通科木通属

Akebia quinata（Houtt.）Decne.

◆形态特征：落叶木质藤本，长达10米。幼茎带紫色，老茎密布皮孔。掌状复叶互生，总状花序腋生，花略芳香。花淡紫色，果孪生或单生，长圆形或椭圆形，成熟时紫色，果肉白色多，种子黑色有光泽。花期4~5月，果期6~8月。

◆生长习性：喜半阴环境，稍耐寒。喜富含腐殖质的酸性土，中性壤土也能适应。

◆观赏价值：叶形优美，花肉质色紫，三五成簇，果实可爱，是优良的垂直绿化材料。适宜于花架、门廊隔墙种植。

◆药用价值：茎、根和果实可药用。

◆食用价值：果味甜可食。

◆其他用途：种子榨油，可制肥皂。

木樨(桂花)

木樨科木樨属

Osmanthus fragrans (Thunb.) Lour.

◆形态特征：常绿灌木或小乔木，高度可达10米。叶对生，革质，椭圆形或长椭圆形，边缘有细锯齿。花朵小而密集，呈簇状，通常为白色、黄色或橙色，具有浓郁的香气。果实一般为椭圆形，呈紫黑色。花期9~10月。

◆生长习性：喜温暖、湿润的气候，适宜生长在温度为14~28 ℃的环境中，且具有一定的耐寒性，喜光，亦耐阴，对土壤的要求不严。

◆观赏价值：树姿典雅，四季常青，金秋时节，繁花满树，桂蕊飘香，是园林中重要的芳香植物。

◆药用价值：花可用于制作中药，具有温中散寒、暖胃止痛的功效。

◆食用价值：花可以用于制作各种食品，如桂花糖、桂花糕、桂花酒等。

◆其他用途：木材可用于制作家具、雕刻等工艺品，树皮中的纤维也可以用于造纸和编织。

木樨科木樨榄属 木樨榄(油橄榄)

Olea europaea L.

◆形态特征:常绿小乔木,高可达10米。树皮灰色,圆锥花序。果椭圆形,成熟时呈蓝黑色。花期4~5月,果期6~9月。

◆生长习性:喜光,喜温暖、湿润的气候,有的品种抗寒性较强,可耐短时低温,对土壤要求不高。

◆观赏价值:花朵清香,花期较长,具有较好的观赏价值。适宜于作为庭院、公园的观赏树种。

◆药用价值:橄榄油富含单不饱和脂肪酸,有助于降低心血管疾病发生的风险,也可用于护肤。

◆食用价值:果实可榨油,供食用,也可制蜜饯。

◆其他用途:优良的油料及果用树种。

木香花 蔷薇科蔷薇属

Rosa banksiae Aiton

◆形态特征：攀缘小灌木，高可达6米。小叶通常为5~7片，卵形或椭圆形，边缘有锯齿。花多朵成伞形花序，花瓣重瓣至半重瓣，白色或淡黄色，花形雅致，具有浓郁的香气。花期4~5月。

◆生长习性：喜阳光，亦耐半阴，较耐寒，对土壤的要求不严。

◆观赏价值：花朵美丽，花色丰富，香气浓郁，是园林中重要的观赏植物。适宜于作为垂直绿化材料，用于覆盖墙面或花架。

◆药用价值：根和叶可入药，用于治疗感冒、头痛、咳嗽等病症，同时还有镇痛、解热、抗炎等功效。

◆食用价值：花朵可以食用，常被用来制作花茶或作为食品的香料。

◆其他用途：花可提取精油，用于制作香水和化妆品。

柠檬

芸香科柑橘属

Citrus × *limon* (L.) Osbeck

◆形态特征：常绿小乔木。枝少刺或近无刺。花瓣外面淡紫红色，内面白色。果椭圆形，果皮厚，常粗糙，黄色。花期4~5月，果期9~11月。

◆生长习性：喜温暖，耐阴，怕热，喜冬暖夏凉的气候。

◆观赏价值：树形优美，果实亮黄，是重要的药食两用果树，也可于庭院栽培观赏。

◆药用价值：柠檬富含维生素C，有助于增强免疫力及具有抗炎、助消化的作用。

◆食用价值：新鲜的柠檬可以切片食用或挤出果汁饮用。柠檬汁广泛用于烹饪和烘焙，可增添食物的风味。柠檬常用于制作柠檬水和各种清凉饮品。

◆其他用途：柠檬中的维生素C和柠檬烯可用于美容产品，柠檬酸具有清洁作用，可用于家居清洁剂。

柠檬草(香茅)

禾本科香茅属

Cymbopogon citratus（D C.）Stapf

◆形态特征：多年生草本植物。植株呈丛生状，叶尖细狭长，色绿，具柠檬香味，夏开绿色小花。总状花序顶生或腋生，由多数小穗组成，形似毛刷。花果期在夏季，少见有开花者。

◆生长习性：适应性强，喜光、耐旱，不耐水湿，偏好疏松、排水良好的土壤。

◆观赏价值：枝叶茂密秀丽，有芳香，可用于园林景观绿化，作地被或边界植物。

◆药用价值：香茅有缓解身体不适、缓解疼痛、抗真菌的作用。

◆食用价值：香茅叶常用于东南亚菜肴的调味，如泰国菜和越南菜。新鲜的香茅叶可用于制作茶饮。

◆其他用途：精油具有驱虫效果。

柠檬香蜂草

唇形科美国薄荷属

Monarda citriodora Cerv. ex Lag.

◆形态特征：多年生草本植物，茎叶披有绒毛。叶对生，宽卵形锯齿叶，叶皱，绿色，揉碎后会散发出柠檬香气。花朵通常为管状，聚集成顶生头状花序，花色为白色、粉色至紫色。花期6~8月。

◆生长习性：喜光，也耐半阴，稍耐旱，不耐水湿。适应性强，喜排水良好、肥沃的土壤。

◆观赏价值：花朵颜色鲜艳，花期较长，叶片有清新的柠檬香气，具有很好的观赏价值。

◆药用价值：叶片可用于制作草药茶，有助于缓解消化不良和减轻感冒症状。提取的精油具有抗菌和消炎作用。

◆食用价值：叶片可制作茶饮或作为烹饪调料。

◆其他用途：叶片可提取精油，用于制作香水和芳香疗法。

牛蒡 菊科牛蒡属

Arctium lappa L.

◆形态特征：二年生大型草本，茎直立，高达2米。基生叶大，宽卵形，茎生叶广卵形或心形，边缘有波状或锯齿。头状花序丛生或排成伞房状，小花紫红色。瘦果倒长卵形，浅褐色。花果期6~7月，果期7~9月。

◆生长习性：喜长日照，喜温暖气候，耐热耐寒，适应性较强。

◆观赏价值：植株高大，花紫色，花朵繁茂，头状果序挂满枝头，观赏价值高，适宜于花境及野生花卉园种植。

◆药用价值：果实及根可入药，有清热解毒、疏风散热等功效。

◆食用价值：根可加工制作茶饮，具有独特的芳香。

◆其他用途：种子和果实可用于提取精油，叶片和茎可用作饲料。

胡颓子科胡颓子属 牛奶子

Elaeagnus umbellata Thunb.

◆形态特征：落叶直立灌木，高1~4米。小枝开展，多分枝。叶纸质或膜质。花黄白色，芳香。果实卵圆形，幼时绿色，成熟时红色，果实及花均密被银白色鳞片。花期4~5月，果期7~8月。

◆生长习性：耐阴，亦不惧阳光暴晒，耐寒、耐干旱和瘠薄，不耐水涝，对土壤要求不严。

◆观赏价值：春季花朵繁密，秋季红果累累，可作观赏植物栽植于庭院。

◆药用价值：果实、根和叶可入药。果实具有补虚、止泻等功效，根部则具有清热、解毒、止咳等功效。

◆食用价值：果实可生食也可制果酒、果酱等食品。果实还可以用来提取植物油。

◆其他用途：枝条柔韧，可用于编织工艺品。

牛至 唇形科牛至属

Origanum vulgare L.

◆形态特征：多年生草本或半灌木，芳香。茎四棱形，多分枝，呈紫红色。叶对生，叶片宽卵圆形或者长圆状卵圆形。伞房状圆锥花序，多花密集，花冠紫红、淡红至白色，管状钟形。小坚果卵圆形，褐色。花期7~9月，果期10~12月。

◆生长习性：喜温暖、湿润以及光照充足的环境，耐旱、耐湿、耐贫瘠，对土壤的要求不严。

◆观赏价值：花小巧而密集，颜色鲜艳，可作为花坛或岩石园中的地被植物，也可作盆栽观赏。

◆药用价值：全株入药，可用来治疗感冒、咳嗽、消化不良等病症。

◆食用价值：牛至是一种常用的香料，其叶片和花朵可用于调味。

◆其他用途：精油可用于制作香水和化妆品。

浓香茉莉 木樨科探春花属

Jasminum odoratissimum (L.) Banfi

◆形态特征：常绿灌木，枝条细叶成藤本状，羽状复叶，互生，小叶5~7枚，聚伞花序，花浓香，鲜黄色，花期5~6月，果期10~11月。

◆生长习性：喜光，耐半阴，抗寒耐旱，适应性强。

◆观赏价值：花色鲜黄，有浓郁香味。常作花篱或丛植于庭园，也可用于植物造景或花境栽植。

◆药用价值：花香被认为具有镇静和安神等效果。

◆食用价值：花可以制茶。

◆其他用途：花朵提取的精油可用于制作香水、化妆品和芳香疗法。

清风藤科泡花树属 泡花树

Meliosma cuneifolia Franch.

◆形态特征：落叶灌木或乔木，高可达9米，树皮黑褐色。单叶互生，叶片纸质，倒卵形或椭圆形。圆锥花序顶生，花小，白色或黄绿色，具清香。核果扁球形。花期6~7月，果期9~11月。

◆生长习性：喜阳光，耐半阴，适应性强，耐寒耐旱，对土壤要求不严格。

◆观赏价值：春季花繁叶茂，清香怡人，秋季果实累累，具有较高的观赏价值，是优良的园林绿化树种。

◆药用价值：根和叶在中医中可入药，具有清热解毒、消肿止痛等功效。

◆其他用途：木材红褐色、纹理略斜、结构细、质轻，可用于制作家具和农具。

佩兰 菊科佩兰属

Eupatorium fortunei Turcz.

◆形态特征：多年生草本，高40~100厘米。茎直立，绿色或红紫色。叶对生。头状花序多数在茎顶及枝端排成复伞房花序，每个花序具花4~6朵，花白色或带微红。花果期7~11月。

◆生长习性：喜温暖、湿润的气候，耐寒、怕旱、怕涝。对土壤要求不严，以疏松肥沃、排水良好的砂质土壤栽培为宜。

◆观赏价值：花深秋开放，别具一格，随风摇曳，清新雅致。用于花境或成片种植于林缘。

◆药用价值：全草入药，有利湿、健胃、清暑热等功效。

◆其他用途：佩兰可制成枕芯，有助于改善睡眠。

枇杷 蔷薇科枇杷属

Eriobotrya japonica（Thunb.）Lindl.

◆形态特征：常绿小乔木，高可达10米。叶片革质，倒卵形或长椭圆形。圆锥花序顶生，花白色，芳香。果近球形或长圆形，黄色或橘黄色，外有锈色柔毛，花期10~12月，果期5~6月。

◆生长习性：喜温暖、湿润的环境，不耐寒，对土壤的要求不严格。

◆观赏价值：四季常绿，树形似伞，花朵美丽，果实黑紫，是优良的园林观赏植物。适宜于庭院、公园绿地、居住小区栽植观赏，也可制作盆景。

◆药用价值：叶和果实可入药，枇杷叶具有清肺止咳、降逆止呕等功效，果实则具有润肺、止咳、化痰等功效。

◆食用价值：果实味道甜美，营养丰富，是常见的食用水果。可以直接食用，也可以用来制作果酱、蜜饯或酿酒。

◆其他用途：木材质地坚硬，可用于制作家具。

蒲公英 菊科蒲公英属

Taraxacum mongolicum Hand.-Mazz.

◆形态特征：多年生草本植物，高可达10~60厘米。根状茎粗短，叶片呈倒卵状披针形或倒披针形，边缘有齿，叶柄中空。头状花序，单生，舌状花黄色，管状花黄色。果实为瘦果，顶端有多数白色刚毛，形成绒球状，成熟后随风飘散。花期4~9月，果期5~10月。

◆生长习性：适应性强，抗逆性强，耐寒、耐旱，喜阳光充足，也能耐半阴，对土壤要求不严。

◆观赏价值：蒲公英的花朵鲜艳，花期较长，成熟后的绒球状果实富有野趣，是园林中常见的野生植物；也适合作为花坛、花境的点缀植物。

◆药用价值：全草可入药，具有清热解毒、利尿散结等功效。

◆食用价值：嫩叶可以食用，是一种营养价值较高的野生蔬菜。

◆其他用途：根部可提取出咖啡代用品，用来制茶。

菊科蒿属 奇蒿

Artemisia anomala S. Moore

◆形态特征：多年生草本植物，高度可达80~150厘米，植株具有特殊的香气。叶厚纸质或纸质，通常为羽状深裂，裂片线形或披针形，边缘有锯齿。头状花序长圆形或卵形，花黄色或白色，两性。瘦果倒卵形或长圆状倒卵形。花果期6~11月。

◆生长习性：适应性强，耐寒耐旱，喜光也耐半阴，对土壤要求不严。

◆观赏价值：花序形态独特，花期较长，适宜于园林地被栽植或用于花坛、花境的布置。

◆药用价值：全草可入药，具有清热、解毒、消炎、止血等功效。

◆食用价值：嫩叶和芽可以食用，具有特殊的香气，可作为蔬菜食用或用于调味。

◆其他用途：精油含量较高，可用于制作香水和化妆品。

千里光 菊科千里光属

Senecio scandens Buch.-Ham. ex D. Don

◆形态特征：多年生攀缘草本植物，根状茎木质，茎细长，多分枝。叶对生，卵形或卵状披针形，边缘有浅锯齿，两面或上面具腺点。头状花序排列成顶生复聚伞圆锥花序，花小，黄色或白色；外围为雌性舌状花，中央为两性管状花。瘦果圆柱形。花期8月至翌年4月。

◆生长习性：适应性较强，耐寒、耐旱，对土壤要求不严。

◆观赏价值：花朵黄色鲜艳，可作为垂直绿化植物，用于园林绿化或盆栽观赏，也可作地被植物。

◆药用价值：全草可供药用，有清热解毒、消炎、利尿等功效。

◆食用价值：嫩茎叶可以食用。

◆其他用途：花和叶可提取染料用于染色，也可作为蜜源植物，吸引蜜蜂采蜜。

千屈菜 千屈菜科千屈菜属

Lythrum salicaria L.

◆形态特征：多年生草本，株高30~100厘米。茎直立，多分枝。叶对生或三叶轮生，披针形或阔披针形。花组成小聚伞花序，簇生，花红紫色或淡紫色。果实为蒴果，扁圆形。花期6~10月。

◆生长习性：喜强光，耐寒性强，喜水湿，对土壤要求不严，在深厚、富含腐殖质的土壤中生长更好。

◆观赏价值：姿态娟秀整齐，花色鲜丽醒目，可作花境材料，成片布置于湖岸河旁的浅水处，具有很强的绚染力，是极好的水景园林造景植物。

◆药用价值：全草入药，有清热、止血崩等功效。

◆食用价值：嫩茎叶可作野菜食用。

◆其他用途：千屈菜可用于染料，其植物提取物具有一定的染色功效。

千日红 苋科千日红属

Gomphrena globosa L.

◆形态特征：一年生草本，株高约20~60厘米。全株有灰色长毛，茎直立，叶对生，长椭圆形或长圆状披针形。头状花序圆球形，基部有叶状苞片2片，单生或2~3个生于枝顶，花小，花紫红色、淡紫色或白色，胞果近球形，花果期6~9月。

◆生长习性：喜光，耐旱、耐干热，适应性强，对土壤要求不严。

◆观赏价值：花色艳丽，姹紫嫣红，开花时花团锦簇，非常灿烂，花干后经久不凋，观赏期极长。适宜布置于花坛、花境、花展等处，也可作大面积地被栽培。

◆药用价值：全草可入药，具有清热解毒、消炎利尿等功效。

◆食用价值：嫩茎叶可以食用。

◆其他用途：干燥花序可用于制作干花和手工艺品，也可用于染色，还可作为蜜源植物，吸引蜜蜂等传粉昆虫。

秋英(波斯菊) 菊科秋英属

Cosmos bipinnatus Cav.

◆形态特征：一年生草本，株高可达1~2米，茎纤细而挺立。叶互生，二回羽状深裂。头状花序单生，花苞外层叶呈披针形，淡绿色，花瓣椭圆状倒卵形，舌状花紫红色至白色，管状花黄色。果实线形黄褐色，熟时呈黑色。花期6~8月，果期9~10月。

◆生长习性：喜温暖、阳光充足的环境，耐热不耐寒，对土壤要求不严。

◆观赏价值：花朵色彩鲜艳，花形优雅，花期较长，成片种植很容易打造多彩的花海景观；也适合作为花坛、花境的中心植物，或用于园林景观的点缀或作切花。

◆药用价值：全草入药，具有清热解毒、化湿等功效。

◆食用价值：花可食、榨汁，用于各种菜肴或糕饼之中。

◆其他用途：波斯菊提取物可用来制作化妆品，如面霜、洗发水和香水等。

忍冬（金银花）

忍冬科忍冬属

Lonicera japonica Thunb.

◆形态特征：半常绿藤本。茎中空，叶纸质，卵形至矩圆状卵形，总花梗通常单生于小枝上部叶腋，花冠白色，有时基部向阳面呈微红色，后变黄色，花冠筒细长，花芳香；浆果圆形，熟时蓝黑色，有光泽。花期4~6月，果熟期10~11月。

◆生长习性：适应性强，喜阳、耐阴，耐寒性强，耐干旱和水湿，对土壤要求不严。

◆观赏价值：花香馥郁，颜色金黄，是常见的爬藤类观花植物，常做成攀缘造型，也可盆栽观赏。

◆药用价值：金银花性甘寒，有清热解毒、消炎退肿等功效。

◆食用价值：金银花可泡茶，制作茶饮。

◆其他用途：根茎可以提取染料，用于纺织品的染色；花可作为香料使用，为食品或化妆品增添香气。

肉桂　樟科桂属

Cinnamomum cassia（L.）D. Don

◆形态特征：常绿中等大乔木，高10~15米。树皮灰褐色，全株芳香。叶互生，革质，叶片长椭圆形或披针形，顶端渐尖，全缘。圆锥花序腋生或顶生，花小，白色或黄色，有香气。果实椭圆形，成熟时黑色。花期6~8月，果期10~12月。

◆生长习性：喜光，喜温暖、湿润的气候，对土壤要求不严，但以土层深厚、排水良好、肥沃的土壤为佳。

◆观赏价值：四季常绿，枝叶繁盛，树形优美，花果气味芳香，是一种很好的园林绿化树种。常被用作庭院树或行道树。

◆药用价值：树皮、叶和果实均可入药，有温中散寒、暖胃止痛、活血通经等功效。

◆食用价值：肉桂皮是世界著名的香料和调味品。

◆其他用途：木材坚硬，可用于制作家具和工艺品。肉桂油可用作化妆品和香水的调香剂，还可用于医药工业。

瑞香

瑞香科瑞香属

Daphne odora Thunb.

◆形态特征：常绿直立灌木。枝条粗壮，常二歧分枝，颜色为紫红色或紫褐色。叶互生，长椭圆形，深绿色，质地较厚有光泽。顶生头状花序，花被筒状，花外面淡紫红色，内面肉红色，具有浓郁的香气。果实红色。花期3~5月，果期7~8月。

◆生长习性：喜散光照射，避免强烈的阳光直射，不耐水涝。适宜生长在疏松肥沃、排水良好的酸性土壤中。

◆观赏价值：花形独特，花香浓郁，是园林常用观赏植物，常用于花坛、花境或岩石园中。

◆药用价值：根、树皮、叶及花均可入药，具有祛风除湿、活血止痛等功效。

◆食用价值：花可以制茶。

◆其他用途：花朵和叶可用于提取精油。

三白草 三白草科三白草属

Saururus chinensis (Lour.) Baill.

◆形态特征：多年生草本，高可达1.5米。茎粗壮，下部伏地，上部直立，绿色。叶纸质，卵形或卵状披针形。茎顶端的2~3片叶于花期常为白色，呈花瓣状，故名“三白草”。总状花序顶生或腋生，花小，白色或淡绿色。果实为浆果、球形，成熟时呈蓝紫色。花期4~6月。

◆生长习性：喜阳光和水湿，耐半阴。多生于低湿的沟边、塘边或溪旁。

◆观赏价值：三白草顶叶白色，春季观赏效果较好；可作花境材料，喜湿植物，园林中作为湿地和近水环境的观赏植物进行应用，常成丛、成片种植于驳岸边侧，既可以观赏，又能够净化水质。

◆药用价值：全草可入药，具有清热解毒、利尿通淋等功效。

◆食用价值：嫩茎叶可食用，具有特殊的香气；可以作为蔬菜食用。

◆其他用途：三白草的提取物可用于制作除湿止痒的香皂等日用品。

缫丝花

蔷薇科蔷薇属

Rosa roxburghii Tratt.

◆形态特征：灌木，高1~2.5米，树皮灰褐色，成片状剥落。小叶椭圆形或长圆形，先端急尖或圆钝，基部宽楔形，边缘有细锐锯齿。花单生或2~3朵，生于短枝顶端，花淡红色或粉红色，微香。果扁球形，绿红色，外面密生针刺。花期5~7月，果期8~10月。

◆生长习性：喜温暖湿润和阳光充足的环境，适应性强，较耐寒，稍耐阴，对土壤要求不严，适宜于排水良好的砂壤土。

◆观赏价值：花朵秀美，黄色的刺球状果实也颇具野趣，适用于坡地和路边丛植绿化，也用作绿篱。

◆药用价值：果实可药用，解暑消食，根可煮水治痢疾。

◆食用价值：果实味甜酸，含大量维生素，可生食或制蜜饯，还可作为熬糖酿酒的原料。

◆其他用途：根皮、茎皮含有鞣质，可以用于提制栲胶。

山茶

山茶科山茶属

Camellia japonica L.

◆形态特征：常绿灌木或小乔木，高度可达15米。叶革质，互生，椭圆形。花单生或簇生于叶腋，花大，花瓣近于圆形，变种重瓣花瓣可达50~60片，品种繁多，花色红、白、黄、紫均有。花期1~4月。

◆生长习性：喜温暖湿润、半阴的环境，怕高温，忌烈日。

◆观赏价值：树冠多姿，叶色翠绿，花形美丽，花色丰富，花期长，是冬季的优良花卉，适植于庭园、公园或用于城市绿化，可作植物造景及花境布置材料。

◆药用价值：花、叶和种子均可入药，具有收敛、止血、清热解毒等功效。

◆食用价值：花瓣可食用，常用于制作茶饮或用于糕点装饰，具有独特的香气和味道。

◆其他用途：种子富含油质，可以榨油用于工业。木材质地坚硬，可用于制作家具。

山慈姑 秋水仙科山慈姑属

Iphigenia indica Kunth

◆形态特征：多年生草本植物，鳞茎球形，地上茎直立，不分枝。叶条状长披针形，花暗紫色，排成近伞房花序，花被片线状倒披针形，蒴果长约7毫米。花果期6~7月。

◆生长习性：不耐寒、耐阴，喜疏松、肥沃的土壤。

◆观赏价值：花形独特，色彩艳丽，可作林下植被应用。

◆药用价值：鳞茎可以入药，具有平喘止咳、镇痛、抗癌等功效。

◆食用价值：山慈姑少量，水煎去渣，加入蜂蜜饮用。

◆形态特征：乔木，嫩枝褐色。叶片薄革质，卵形、狭倒卵形和倒披针状椭圆形，边缘具浅锯齿或波状齿。总状花序，花朵小，白色或淡黄色，花冠为白色。核果卵状坛形，成熟时颜色多变，有红色、黑色或紫色。花期2~3月，果期6~7月。

◆生长习性：喜光，也耐阴，适应性强，对土壤的要求不严。

◆观赏价值：枝叶茂密，花朵和果实具有较高的观赏价值，可用于园林景观设计。

◆药用价值：叶可入药，用于治疗外伤，具有止血消肿、清热解毒等功效。

◆其他用途：木材可用于制作家具、建筑材料。

山矾科山矾属

Symplocos sumuntia Buch.-Ham. ex D. Don

山胡椒 樟科山胡椒属

Lindera glauca（Siebold & Zucc.）Blume

◆形态特征：落叶灌木或小乔木，高可达8米。树皮灰白色。叶互生，阔椭圆形至倒卵形。伞形花序腋生，花朵小，黄色或黄绿色。果实球形，成熟时呈红色或黑色，有香气。花期3~4月，果期7~8月。

◆生长习性：喜光照，也稍微耐阴湿，抗寒能力强。对土壤要求不严，但以肥沃、排水良好的土壤为佳。

◆观赏价值：树形美观，成熟的果实颜色鲜艳，生长快，常用于园林美化。

◆药用价值：根、茎和叶可用于提取药材，具有活血化瘀、祛风湿等功效。

◆食用价值：果实可作为香料使用，能增添食物的香气。

◆其他用途：果实和叶子可以提取精油，用于制作香水。

山橿

樟科山胡椒属

Lindera reflexa Hemsl.

◆形态特征：落叶灌木或小乔木。树皮棕褐色。叶互生，卵形或倒卵状椭圆形。伞形花序着生于叶芽两侧，花朵较小，黄绿色。果球形，熟时红色。花期4月，果期8月。

◆生长习性：喜阳光，也能适应半阴的环境。适应性较强，对土壤要求不严。

◆观赏价值：树形优美，适应性较强，可作为城市园林中的绿化树种。

◆药用价值：根药用，可止血、消肿、止痛。

◆其他用途：木材质地坚硬，耐腐蚀，可用于制作家具和建筑。木材和树皮可用于提取香料。

山蜡梅(亮叶蜡梅)

蜡梅科蜡梅属

Chimonanthus nitens Oliv.

◆形态特征:常绿灌木,高1~3米。叶椭圆形至卵状披针形,略粗糙有光泽,具浓郁香味。花小,黄色或黄白色,花被片外被柔毛,内无毛。果托坛状,灰褐色被短绒毛。花期10月至翌年1月,果期4~7月。

◆生长习性:喜阳光,亦略耐阴,较耐寒、耐旱,对土质要求不严,但以排水良好的轻壤土为宜。

◆观赏价值:花朵黄色美丽,叶常绿,芳香,是良好的园林绿化植物。

◆药用价值:根可药用,治跌打损伤、风湿、劳伤咳嗽等。

◆食用价值:种子含油脂。

◆其他用途:花、叶可以提取香精。

山梅花 绣球科山梅花属

Philadelphus incanus Koehne

◆形态特征：直立灌木，高1.5~3.5米。叶对生，卵形或阔卵形，花为白色，通常具有芳香，可以单生或数朵排成聚伞花序，有时为总状花序。蒴果倒卵形。花期5~6月，果期7~8月。

◆生长习性：适应性强，喜光，喜温和、湿润的环境，稍耐阴、耐寒、耐热、耐旱，怕水涝，对土壤要求不严。

◆观赏价值：花芳香美丽，花期长，是优良的观赏花木。适宜栽植于庭园、风景区，也可用作切花材料。

◆药用价值：根皮可入药，有清热利湿、增进食欲、活血化瘀等功效。

◆食用价值：花可以食用或制茶。

◆其他用途：花可以提取香精。

珊瑚树 荚蒾科荚蒾属

Viburnum odoratissimum Ker Gawl.

◆形态特征：常绿灌木或小乔木。枝有小瘤状皮孔。叶对生，革质，卵形或椭圆形，全缘或有细锯齿。圆锥花序顶生，花小而密集，白色，芳香。果熟卵圆形或卵状椭圆形。果熟时红色，后黑色。花期4~5月（有时不定期开花），果熟期7~9月。

◆生长习性：喜光，也耐半阴，对水分要求不严，耐干旱。适应性强，根系发达，萌芽力强，耐修剪，易整形，能在多种土壤类型中生长。

◆观赏价值：枝叶繁茂，四季常绿，春季花开白色，深秋果实鲜红，状如珊瑚，非常美观。常被用作绿篱或绿墙，可作为行道树或园林背景植物。

◆药用价值：根、树皮、叶等部位被用作中药，具有清热祛湿、通经活络、拔毒生肌等功效。

◆食用价值：花可以做粥。

◆其他用途：木材质地坚硬，可用于制作家具或其他木制品。

芍药

芍药科芍药属

Paeonia lactiflora Pall.

◆形态特征：多年生草本植物。茎丛生，株高60～150厘米。花着生于茎的顶端或近顶端叶腋处，原种白色，花瓣5~13枚。蓇葖果，花期5~6月，果熟期8月。

◆生长习性：喜光照，耐旱、耐寒，在砂质透水性好的土壤中生长良好。

◆观赏价值：品种花色丰富，花大色艳，观赏性佳，是优良的花境材料，亦可作专类园、切花、花坛用花等处。

◆药用价值：根可供药用，有养血、调经、缓解肌肉疼痛等功效。

◆食用价值：花瓣在一些地区可食用，通常用于制作甜点或作为菜品的装饰。

◆其他用途：花朵可以提取精油，用于香水和化妆品行业。

木兰科含笑属 深山含笑

Michelia maudiae Dunn

◆形态特征：常绿乔木，高达20米，叶互生，革质，长圆状椭圆形，先端急尖，上面深绿色，有光泽，下面灰绿色，被白粉，花芳香，纯白色，基部稍呈淡红色，聚合果穗状，蓇葖长圆体形、倒卵圆形，种子红色。花期2~3月，果期9~10月。

◆生长习性：喜温暖、湿润的气候，有一定的耐寒能力。喜光，幼时较耐阴。喜深厚、疏松、肥沃而湿润的酸性砂质土壤。

◆观赏价值：树形优美，枝叶翠绿茂盛，花洁白芳香，是优良的庭院观赏树种。

◆药用价值：花具有清热解毒、止咳化痰等功效。

◆食用价值：花阴干可以泡茶饮用。

◆其他用途：花可提取芳香油，制作香水、化妆品等美装品。

唇形科神香草属 神香草

Hyssopus officinalis L.

◆形态特征：半灌木，株高20~50(80)厘米。茎多分枝，钝四棱形。叶线形，披针形或线状披针形，具腺点。轮伞花序腋生，花冠浅蓝色至紫色，花盘杯状，平顶。花期6月。

◆生长习性：喜欢温暖的气候，耐干燥，不耐潮湿，对土壤要求不严，适合生长在砂壤土和干燥地区。

◆观赏价值：花朵美丽，颜色优雅，适应力强，是优良的观赏植物。

◆药用价值：全草可入药，有清热发表、化痰止咳等功效。

◆食用价值：嫩芽可以用于制作茶，叶子常用于烹调食物。

◆其他用途：全株含芳香油，可用作甜酒香料；提取精油可广泛应用于日化工业、食品调香等行业。

石斛 兰科石斛属

Dendrobium nobile Lindl.

◆形态特征：附生性草本植物，茎直立或稍弯曲，少有分枝，肉质状肥厚。叶片互生，呈长圆形或椭圆形，革质，边缘有时呈波状。花序从茎基部抽出，通常为总状花序，花大，色彩多样，从白色到粉红色、黄色或紫色，唇瓣通常有独特的斑点或条纹。蒴果，长椭圆形或梨形。花期4~5月。

◆生长习性：附生于岩石或树干上，喜温暖、湿润的环境，对空气湿度要求较高，忌强光直射，可以耐受半阴的环境。忌干燥、怕积水，生境独特，对小气候环境的要求十分严格。

◆观赏价值：花形优雅，花色艳丽，花期较长，常作为盆栽植物，用于室内装饰或作为礼物赠送，也适合用于园林景观设计中。

◆药用价值：石斛是一种药用范围较广的中药，具有滋阴清热、益胃生津、强筋骨等功效。

◆食用价值：茎可食用，通常用来炖汤或泡茶，具有滋补强身的效果。

◆其他用途：石斛的提取物被用于化妆品和药品中，具有抗氧化和抗衰老等功效。

柿 柿科柿属

Diospyros kaki Thunb.

◆形态特征：落叶乔木，高达10~14米。叶卵状椭圆形。花较小，黄白色，单性，雌雄异株，偶有雌雄同株。果实形状多样，有球形、扁球形，球形而略呈方形、卵形等等，老熟时果肉柔软多汁，呈橙红色或大红色等。花期5~6月，果期9~10月。

◆生长习性：喜光、喜温暖气候，耐寒，对土壤的要求不严。

◆观赏价值：枝繁叶大，树冠开张，秋叶深红，果实金黄，是观叶观果俱佳的优良观赏树种，适宜种植于庭园观赏。

◆药用价值：果实、叶片、树皮和种子均可入药。柿蒂、柿叶具有清热润肺、止咳止血等功效。柿饼上的白色柿霜具有润肺止咳、生津利咽等功效。

◆食用价值：果实味道甜美、营养丰富，是常见的食用水果。

◆其他用途：木材质地坚硬、纹理美观，可用于制作家具、雕刻等。

◆形态特征：一年生草本植物。茎直立，基部有匍匐的分枝，被白色厚棉毛。叶无柄，互生，匙状倒披针形或倒卵状匙形互生。头状花序，花黄色或淡黄色，总苞片金黄色或柠檬黄色，膜质，有光泽。果实为倒卵形或倒卵状圆柱形。花期1~4月，8~11月。

◆生长习性：喜温暖、湿润的环境，适应性强，对土壤要求不严。

◆观赏价值：叶片翠绿，形态独特，花朵虽小却清新可爱，适合在庭院或阳台种植。

◆药用价值：全草入药，具有化痰止咳、祛风除湿、解毒等功效。

◆食用价值：在春季可采摘嫩叶来制作各种美食，如青团等。

◆其他用途：鼠曲草是一种优质的牧草，其茎叶柔嫩多汁、营养丰富，适合作为牛、羊、猪等家畜的饲料。

鼠曲草 菊科鼠曲草属

Pseudognaphalium affine（D. Don）Anderb.

蔷薇科蔷薇属 硕苞蔷薇

Rosa bracteata J. C. Wendl.

◆形态特征：常绿灌木，茎呈现蔓生或匍匐状。叶片革质，椭圆形或倒卵形，边缘有小钝锯齿。花单生或2~3朵集生，花大，白色，具芳香。果球形，密被灰黄色绵毛，骨质浆果红色或橙色。花期5~7月，果期8~11月。

◆生长习性：适应性强，喜温喜湿，对土壤的要求不严格。

◆观赏价值：花朵大而艳丽，芳香，适宜于庭园、花坛、花境栽植，具有较高的观赏价值。

◆药用价值：果实和根可入药，有收敛、补脾、益肾之效。花可止咳；叶可外敷解毒。

◆食用价值：花可以制茶饮用。

◆其他用途：花朵可用于提取精油。栽培作绿篱，常绿并有密刺，可以防畜。

茄科酸浆属 酸浆

Alkekengi officinarum Moench

◆形态特征：多年生草本，高达80厘米。茎节膨大，被柔毛，幼时较密。叶互生，叶长卵形或宽卵形。花单生于叶腋内，花萼绿色，花后膨大成卵囊状，成熟时橙红色或火红色，花冠白色。浆果球形，橙红色，种子肾形。花期5~9月，果期6~10月。

◆生长习性：适应性强，耐寒、耐热，喜光，喜凉爽、湿润的气候，对土壤要求不严。

◆观赏价值：花色鲜艳，果实形状独特，适宜于花园、阳台种植观赏。

◆药用价值：全草可以入药，有清热解毒、利水利尿、强心降压、抑菌抗菌等功效。

◆食用价值：果实可生食或加工成果汁、果酱等甜食。

◆其他用途：酸浆可用于制作染料，亦可提取色素。

酸模

Rumex acetosa L.

◆形态特征：多年生草本，高达80厘米。根肥厚，黄色，茎直立，圆柱形，具线纹，上部呈红色，中空。单叶互生，叶片呈卵状长圆形，先端钝或尖，基部呈箭形或近戟形。花单性，雌雄异株；窄圆锥状花序顶生，瘦果椭圆形。花期5~7月，果期6~8月。

◆生长习性：喜冷凉湿润的气候，耐旱，适应性很强，喜排水良好的砂壤土。

◆观赏价值：适应性强，叶大，花序顶生，花数朵簇生，可用于林缘、林下或荒坡地绿化。

◆药用价值：全草供药用，有凉血、解毒之效。

◆食用价值：嫩茎、叶可作蔬菜及饲料。

◆其他用途：叶片可提取绿色染料，根可提制栲胶。

穗花牡荆

唇形科牡荆属

Vitex agnus-castus L.

◆形态特征：落叶灌木或小乔木，高2~3米。小枝方形。叶对生，掌状5出复叶。圆锥花序顶生，花淡紫色，簇生成穗，果实球形，黄褐色至棕褐色。花期7~8月。

◆生长习性：喜光，耐阴，耐寒，亦耐热，适应性强，抗性强。

◆观赏价值：耐修剪，花期长，花序大为蓝紫色，满树蓝花优雅清新，在少花酷热的夏季是不可多得的观赏花卉，极具观赏价值。适宜于花境、庭园及道路两侧种植。

◆药用价值：果实和叶可入药，用于治疗妇科疾病，如调经、缓解经前综合征等。

◆其他用途：木材质地坚硬，可用于制作家具和其他木制品。

台湾含笑 木兰科含笑属

Michelia compressa（Maxim.）Sarg.

◆形态特征：常绿乔木，高可达17米，树皮灰褐色，叶薄革质，花淡黄白色，或近基部带淡红色，花芳香，聚合果，种子粉红色。花期1月，果期10~11月。

◆生长习性：产于台湾。喜温暖、湿润的气候，生于海拔200~2 600米的阔叶林中。对土壤无特殊要求，在一般微酸性土壤中均可生长良好。

◆观赏价值：花朵美丽芳香，具有较高的观赏价值，常被用作园林植物。

◆药用价值：花可入药，有清热解毒、消炎等功效。

◆食用价值：花阴干可以泡茶饮用。

◆其他用途：材质坚硬，纹理直，结构细，不开裂，可作建筑、家具、造船、车辆、农具、雕刻及细木工等行业的用材。

樟科桂属 天竺桂

Cinnamomum japonicum Siebold

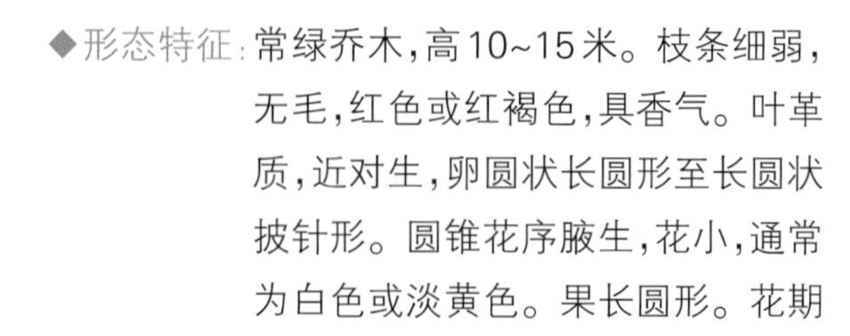

◆形态特征：常绿乔木，高10~15米。枝条细弱，无毛，红色或红褐色，具香气。叶革质，近对生，卵圆状长圆形至长圆状披针形。圆锥花序腋生，花小，通常为白色或淡黄色。果长圆形。花期4~5月，果期7~9月。

◆生长习性：喜温暖、湿润的气候，耐阴，忌积水，适应性较强，能适应多种土壤类型。

◆观赏价值：树形优美，叶色光亮，花有香气，是优良的园林绿化树种。常用作庭院树或行道树。

◆药用价值：树皮和叶可入药，具有温中散寒、理气止痛等功效。

◆食用价值：叶子和树皮可以用作香料。

◆其他用途：木材质地坚硬，可用于制作家具和建筑材料；精油可用于制作香水和化妆品。

甜叶菊 菊科甜叶菊属

Stevia rebaudiana（Bertoni）Bertoni

◆形态特征：多年生草本，高30~100厘米。茎直立，基部稍木质化，叶对生，呈卵形或心形，边缘有浅锯齿。头状花序，花朵小，白色或绿色。瘦果线形、倒圆锥形或略纺锤形。花期7~9月，果期9~11月。

◆生长习性：喜温暖、湿润的气候，能耐–5 ℃的低温，耐干旱，适应性强。

◆观赏价值：花朵小巧精致，颜色清新，可以作为花坛、花境的组成部分，或用于装饰性种植。

◆药用价值：叶片提取物具有降低血糖的作用，是糖尿病患者首选的保健药物之一。

◆食用价值：叶片提取物是食品工业中广泛使用的天然甜味剂。

◆其他用途：甜叶菊残渣可以做饲料及肥料。

◆形态特征：落叶灌木，高达2米。枝条直立开展，有刺。单叶互生。花3朵至5朵簇生于2年生老枝上，花梗极短，花猩红、橘红、粉红或白色。梨果卵形或球形，黄色而有香气。花期3~4月，果熟期9~10月。

◆生长习性：适应性强，耐寒、耐贫瘠，喜光，也耐半阴，对土壤要求不严。

◆观赏价值：树形美丽，花朵艳丽，花色丰富，有重瓣、半重瓣品种，是优良的观花灌木。适宜于单株布置花境或点缀花坛，也可密植用作花篱。

◆药用价值：果实可入药，有舒筋活络、和胃化湿等功效。

◆食用价值：果实可以食用，通常用来制作果酱、果汁或其他甜点。

◆其他用途：木材质地坚硬，可用于制作家具或其他木制品。

贴梗海棠 蔷薇科木瓜海棠属

Chaenomeles speciosa (Sweet) Nakai

五味子科五味子属 铁箍散

Schisandra propinqua (Wall.) Baill. subsp. sinensis (Oliv.) R. M. K. Saunders

◆形态特征：落叶木质藤本，长可达10米。叶为纸质，倒卵形或倒卵状长椭圆形。花单性，雌雄同株，橙黄色，通常单生或2~3朵聚生于叶腋，或形成具有数花的总状花序。聚合果穗状，浆果球形，成熟时红色，干后果皮有皱纹。花期6~8月，果期8~9月。

◆生长习性：喜温暖湿润的气候，耐寒性较差，适宜生长环境的温度为15~25 ℃，对土壤要求不严。

◆观赏价值：花朵橙黄色，果实颜色鲜艳，秋季叶片变红，具有较高的观赏价值，适宜于园林或庭院垂直绿化。

◆药用价值：根、茎、叶、果均可药用，具有健脑安神、调节神经、收敛固涩等功效。

◆食用价值：果实可以食用，具有独特的酸甜味道，可用于制作果酱、果酒等甜品。

◆其他用途：铁箍散可用于编制工艺品、竹制品包边固着和装饰，以及绑扎扫把等用途。茎、叶、果实可提取芳香油。

土荆芥 苋科腺毛藜属

Dysphania ambrosioides（L.）Mosyakin & Clemants

◆形态特征：一年生或多年生草本植物。全株具有椭圆形腺体并散发出香味。茎多分枝。叶片矩圆状披针形至披针形。花朵小，花被为淡绿色。胞果扁球形，种子黑或暗红色。花期8~9月，果期9~10月。

◆生长习性：喜光、喜温暖干燥的气候，适应性强，对土壤要求不严。

◆观赏价值：全株芳香，可作为芳香园栽培。

◆药用价值：全株可入药，具有祛风除湿、杀虫止痒、活血消肿等功效。

◆食用价值：叶片和嫩茎在一些地区可能被用作蔬菜食用。

土人参 土人参科土人参属

Talinum paniculatum (Jacq.) Gaertn.

◆形态特征：一年生或多年生草本植物，高达1米。茎直立，肉质，基部近木质。叶互生或近对生，叶片稍肉质，倒卵形或倒卵状长椭圆形。圆锥花序顶生或腋生，花小，花瓣粉红色或淡紫红色。蒴果近球形，种子扁圆形，黑褐色或黑色。花期6~8月，果期9~11月。

◆生长习性：喜光、耐阴，喜温暖湿润的气候，耐高温高湿，不耐寒，抗逆性强，耐贫瘠，对土壤要求不严。

◆观赏价值：花小，花期长，是插花的好品种，富有野性，园林中可植于蔬菜专类园或用于荒地、林缘等地片植。

◆药用价值：根和叶可入药，有补气、补血的功效。鲜叶可入药，捣烂外敷亦可治疮毒。

◆食用价值：根和叶都可食用，营养丰富，口感嫩滑，风味独特。

◆其他用途：土人参可用于制作保健品和化妆品等。

晚香玉 石蒜科晚香玉属

Polianthes tuberosa L.

◆形态特征：多年生草本，高可达1米。茎直立，不分枝。基生叶6~9枚簇生，线形，长40~60厘米。穗状花序顶生，苞片绿色，花乳白色，浓香。蒴果卵球形，种子多数，稍扁。花期7~9月。

◆生长习性：喜温暖湿润、阳光充足的环境，不耐积水，对土壤要求不严。

◆观赏价值：叶色翠绿，花优雅美丽，幽香四溢，具有良好的观赏价值，是制作切花的重要材料，也是布置花坛的优美花卉。

◆药用价值：叶、花、果都可以入药，具有清肝明目，去毒生肌等功效。

◆食用价值：新鲜的花和花蕾可食用。

◆其他用途：晚香玉是提取香精的原料，用于制作香水和肥皂等日用品，香味强烈，也可驱蚊虫。

万寿菊 菊科万寿菊属

Tagetes erecta L.

◆形态特征：一年生草本。茎直立，粗壮，具纵细条棱。叶羽状分裂。头状花序单生，舌状花黄色或暗橙色，顶端微弯曲，管状花花冠黄色。花期7~9月。

◆生长习性：喜充足的阳光，适应性强，对土壤要求不严。

◆观赏价值：植株矮壮，花色艳丽，花期在7~9月的夏季，是优良的园林绿化花卉。应用广泛，常用来布置花坛、广场、花丛、花境等处。

◆药用价值：花朵和叶片含有多种化学成分，包括精油、黄酮类和多酚类等，有抗炎、抗菌和抗氧化等功效。

◆食用价值：花朵可泡水喝或直接熬制汤剂。

◆其他用途：具有驱虫效果，可以用来制作天然杀虫剂，用于有机农业和家庭园艺。花朵可以提取黄色和橙色的染料，用于纺织和手工艺。

文殊兰　石蒜科文殊兰属

Crinum asiaticum var. *sinicum*（Roxb. ex Herb.）Baker

◆形态特征：多年生粗壮草本。鳞茎长柱形。叶深绿色，线状披针形，基部抱茎，叶脉平行。花茎直立，叶从中抽出，伞形花序顶生，小花10~24朵，花被高脚碟状，花被筒绿白色，花芳香，蒴果近球形。花期5~10月。

◆生长习性：喜温暖、湿润的气候。不耐寒，耐盐碱土，幼苗期忌强直射光照，生长适宜温度为15~20 ℃。

◆观赏价值：叶片浓绿，花朵芳香，可植于园林景区、绿地庭院作观赏，也可作盆栽。

◆药用价值：叶与鳞茎可药用，有活血散瘀、消肿止痛等功效。

兰科文心兰属 文心兰

Oncidium flexuosum Lodd.

◆形态特征：附生性草本植物，具有扁卵圆形假鳞茎和粗壮的绿色根状茎。叶片呈线形或披针形，绿色，通常在茎的上部有2~3片较大的叶片。花茎从假鳞茎抽出，花朵排列成穗状花序，花形独特，通常为黄色，有的品种带有红色、棕色或紫色的斑点或条纹。花通常较小，但色彩鲜艳，有香气。花期10~11月。

◆生长习性：喜温暖、湿润的半阴环境，需要较高的空气湿度，不耐强光直射、不耐寒。

◆观赏价值：花色多样，花茎轻盈下垂，花形奇异可爱，形似飞翔的金蝶，极富动感，适于家庭栽培，也可用于插花或作为节日礼品。

◆其他用途：文心兰的提取物可用于制作香水和化妆品。

吴茱萸 芸香科吴茱萸属

Tetradium ruticarpum (A. Juss.) T. G. Hartley

◆形态特征:落叶小乔木或灌木,高3~5米。嫩枝暗紫红色。奇数羽状复叶,小叶椭圆形。顶生伞房花序,密生黄绿色小花。果暗紫红色,种子近圆球形,褐黑色,有光泽。花期4~6月,果期8~11月。

◆生长习性:喜光、略耐阴、喜温暖气候,对土壤要求不严。

◆观赏价值:叶色浓绿,春季花朵繁密,秋季果实红艳,是园林绿化结合药用生产的优良树种,适宜于林缘、沟边观赏栽植。

◆药用价值:果实可供药用,具有温中散寒、疏肝下气、止痛的功效。

◆食用价值:果实具有辛辣味,可以作为食品调料。

◆其他用途:种子可榨油,叶可提取芳香油或作黄色染料,木材坚硬,可用作建筑材料。

细辛 马兜铃科细辛属

Asarum heterotropoides F. Schmidt

◆形态特征：多年生草本，高10~30厘米。根状茎直立或横走，具多条须根。叶通常只有2枚，心形或卵状心形。花单生，贴近地面，紫红色，有细长的花被筒。果近球状，棕黄色。花期4~6月。

◆生长习性：喜冷凉的气候和阴湿的环境，耐寒、耐阴性强，不耐干旱和强光。喜土质疏松、肥沃的壤土或砂壤土。

◆观赏价值：花形独特，颜色鲜艳，且生长在地面附近，适合作为地被植物或在园林中作为点缀。

◆药用价值：根和根茎在中医中被称为细辛，具有祛风散寒、通窍止痛、温肺止咳等多种功效。

◆其他用途：根和根茎含有挥发油，可提取作为香料使用，还可以用于制作香皂、洗发水等日化品。

狭叶十大功劳

小檗科十大功劳属

Mahonia fortunei（Lindl.）Fedde

◆形态特征：常绿灌木，高0.5~2米。叶革质，奇数羽状复叶，小叶呈长椭圆形或披针形。顶生直立总状花序，花两性，黄色，有香气。浆果球形，紫黑色，被白粉。花期7~9月，果期9~11月。

◆生长习性：喜温暖、湿润的气候，具有较强的生长力，耐阴、忌烈日暴晒，较耐寒、耐旱，喜排水良好的酸性腐殖质土壤。

◆观赏价值：四季常绿，叶形奇特，常被用于盆栽植株供室内陈设，也可作为林下植被栽植。

◆药用价值：全株可供药用，有清热解毒、滋阴强壮等功效。

◆其他用途：植株有净化空气的功能；茎皮内含有小檗碱，具有医疗用途。

唇形科夏枯草属 夏枯草

Prunella vulgaris L.

◆形态特征：多年生草本。匍匐根茎，茎直立，高达30厘米。叶对生，叶片形状多样，包括卵形、椭圆状披针形等，边缘有锯齿。花紫色，非常醒目。花期4~6月，果期7~10月。

◆生长习性：喜温暖、湿润的环境。能耐寒，适应性强，但以阳光充足，排水良好的砂壤土更好。

◆观赏价值：观花、观叶地被植物。适宜于布置花境、花坛、空闲地，也可以片植于驳岸边坡，开花时节野趣雅致。

◆药用价值：全草入药，有清热、解毒、散结、消肿等功效。

◆食用价值：嫩叶和花可以食用，可用于制作茶或作为沙拉的配料。

◆其他用途：夏枯草还可以用于制作染料，其花朵中含有可用于提取紫色染料的成分。

夏蜡梅 蜡梅科夏蜡梅属

Calycanthus chinensis

◆形态特征：落叶灌木，株高1~2.5米。树皮灰白色，叶椭圆状卵形。花单生当年的枝顶，花外被片大而薄，白色，边缘具红晕，内被片乳黄色、质厚。果托钟状，瘦果长圆形。花期5月，果期10月。

◆生长习性：半阴性树种，忌强光，喜阴湿，较耐寒，喜富含腐殖质的微酸性土壤。

◆观赏价值：初夏开花，花色柔媚，秋可观果，观赏价值高，在园林绿地中适宜于在散射光下栽植观赏。

◆药用价值：根、茎、叶等部位都具有一定的药用价值，用于治疗感冒、咳嗽、咽喉肿痛等病症。

◆食用价值：花阴干可以泡茶饮用。

◆其他用途：花朵可用于提取芳香精油。

香椿　楝科香椿属

Toona sinensis (Juss.) Roem.

◆形态特征：落叶乔木，高25米，树皮粗糙，片状脱落。偶数羽状复叶，对生或互生，纸质，卵状披针形或卵状长椭圆形。圆锥花序，花白色，蒴果狭椭圆形，深褐色，种子有膜质的长翅。花期6~8月，果期10~12月。

◆生长习性：喜光、喜温暖、喜湿润肥沃的土壤，耐轻度盐渍土，耐水湿。

◆观赏价值：树干通直，枝叶浓密，嫩叶鲜红，适宜于作庭荫树、行道树及“四旁”绿化树种。

◆药用价值：叶、根、皮均可入药，有清热利湿、解毒杀虫等功效。

◆食用价值：嫩芽和嫩叶芳香可口，是美味的春季食用蔬菜。

◆其他用途：木材纹理美观、质地坚硬、耐腐蚀，是制作家具、建筑和雕刻的良好材料。此外，香椿树也是良好的蜜源植物。

香榧

红豆杉科榧属

Torreya grandis 'Merrillii' Hu

◆形态特征：常绿乔木，高可达25米。小枝下垂，一二年生小枝绿色，三年生枝呈绿紫色或紫色。叶条形，表面深绿光亮，花小，种子大，核果状，有假种皮包被，熟时假种皮淡紫褐色，被白粉。花期4月，种子翌年10月成熟。

◆生长习性：喜光、稍耐阴，喜温暖、湿润的气候及深厚肥沃的酸性土壤。

◆观赏价值：枝繁叶茂，树枝优美，秋季挂果，是良好的园林绿化树种和背景树种，又是著名的干果树种。

◆药用价值：种仁、枝叶可入药。有补充营养、促进新陈代谢、辅助预防心脑血管疾病、辅助提高记忆力等多种药用价值。

◆食用价值：种仁经炒制后食用，香酥可口，是营养丰富的上等干果。

◆其他用途：假种皮是提取高级芳香油和浸膏的天然优质原料，木材是建筑、造船和工艺雕刻的良材。

◆形态特征：多年生粗壮草本。须根含挥发性浓郁的香气。秆丛生，高可达2.5米，直径中空。叶片线形，直伸，扁平，有香气。圆锥花序大型顶生，主轴粗壮，无柄小穗线状披针形。花果期8~10月。

◆生长习性：喜光，耐半阴，耐旱，不耐水涝，耐贫瘠。适应性强，不择土壤。

◆观赏价值：叶片具有香气，可作为园林地被芳香植物，用于绿化和美化环境。

◆药用价值：香根草精油具有镇静和放松的效果，也可用作天然驱虫剂。

◆其他用途：根、叶可提取精油，用于香水和芳香疗法。幼叶是良好的饲料，茎秆可作造纸原料。

香根草 禾本科香根草属

Chrysopogon zizanioides (L.) Roberty

香薷

唇形科香薷属

Elsholtzia ciliata（Thunb.）Hyl.

◆形态特征：直立草本，高0.3~0.5米，具密集的须根。茎钝四棱形。叶卵形或椭圆状披针形。穗状花序，由多花的轮伞花序组成，花冠淡紫色。小坚果长圆形，棕黄色，光滑。花期7~10月，果期10月至翌年1月。

◆生长习性：喜温暖、湿润、阳光充足的环境，地上部分不耐寒。它对土壤要求不严格。

◆观赏价值：花序独特，花色鲜艳，具有较好的观赏价值，适合作为花坛或园林中的点缀植物。

◆药用价值：全草入药，有发汗解表、化湿和中、利水消肿等功效。

◆食用价值：嫩茎叶可以食用。

◆其他用途：嫩叶可以作为饲料，用于喂养猪等家畜。

◆形态特征：多年生草本。茎直立，多分枝，茎干硬而脆，节部略膨大。叶对生，线状披针形。花单生于枝端，花瓣扇形，花朵内瓣多呈皱缩状，有香气；花色丰富，有粉红、紫红、黄色或白色等。蒴果卵球形。花期5~8月，果期8~9月。

◆生长习性：喜冷凉，不耐寒，忌高温高湿。喜肥沃、疏松、排水良好的土壤。

◆观赏价值：花色丰富，花形美观，花香浓郁，广泛应用于花卉装饰、花坛布置、盆栽观赏等处，也是重要的鲜切花和干花材料。

◆药用价值：全草或根入药，具有清热利尿、活血、通经等功效。

◆食用价值：花朵可做茶饮。

◆其他用途：花朵可提取香精，用于化妆品、香水等日化品的调香。

香石竹（麝香石竹）

石竹科石竹属

Dianthus caryophyllus L.

鸢尾科香雪兰属 香雪兰

Freesia refracta (Jacq.) Klatt

◆形态特征：多年生草本，高可达40~60厘米。地下有球茎，叶片剑形或条形，略微弯曲，黄绿色，中脉明显，常呈对生状。花茎直立，顶生穗状花序，花被片6枚，通常为红、黄、白、粉等颜色，有香气。蒴果近卵圆形。花期4~5月，果期6~9月。

◆生长习性：喜温暖湿润、阳光充足的环境，不耐寒，忌高温。对土壤要求不严，但在排水良好、疏松肥沃的土壤中生长更佳。

◆观赏价值：花色鲜艳、花味浓香，适合作为切花、盆栽或用于园林中的花坛、花境布置。

◆药用价值：球茎具有清热解毒、凉血止血等功效。

◆其他用途：花可提取香精，用于制作香水和化妆品。

香雪球 十字花科香雪球属

Lobularia maritima (L.) Desv.

◆形态特征:多年生草本,基部木质化,高10~40厘米。茎自基部向上分枝,常呈密丛。叶互生,条形或披针形,全缘。花序伞房状,花淡紫色或白色,有淡香。短角果椭圆形,种子淡红褐色,扁平。花期3~6月。

◆生长习性:喜光,喜冷凉气候,忌酷热,耐霜寒,较耐干旱瘠薄,对土壤要求不严。

◆观赏价值:株型矮小、花如雪球、香气袭人,适宜植于花坛、花境,也可盆栽观赏。

◆药用价值:香雪球特殊的香气有驱虫功效。

◆其他用途:香雪球是一种很好的蜜源植物,能够吸引蜜蜂等昆虫前来采蜜。

樟科山胡椒属 香叶树

Lindera communis Hemsl

◆形态特征：常绿乔木或灌木，高(1~5)3~4米。幼枝绿色，叶互生，薄革质至厚革质，披针形、卵形或椭圆形。花单性，雌雄异株，呈伞形花序，雄花黄色，雌花黄色或黄白色。果卵形，成熟时红色，有香气。花期3~4月，果期9~10月。

◆生长习性：喜光，稍耐阴，适应性强，耐寒、耐旱、不耐水湿，对土壤要求不严。

◆观赏价值：树姿优美，叶色浓绿，花果均有香气，适宜于作为园林绿化树种，亦可制作盆景。

◆药用价值：根、茎、叶和果均可入药，具有理气、活血、止痛等功效。

◆食用价值：果实和叶子含有香气，可用作调料，但一般不作为主要食材。

◆其他用途：叶片可提取芳香油，供调配香精等工业用；果皮可提制栲胶；木材可制作家具。

香叶天竺葵 牻牛儿苗科天竺葵属

Pelargonium graveolens L'Hér. & Aiton

◆形态特征：多年生草本或灌木状，高可达1米。全株密被细毛，茎直立，基部木质化。叶互生，近圆形，掌状深裂，有特殊香味。伞形花序与叶对生，花瓣玫瑰色或粉红色，蒴果。花期5~7月，果期8~9月。

◆生长习性：喜光，喜温暖、湿润的气候，怕水湿和高温，不耐寒，对土壤要求不严格。

◆观赏价值：花朵美丽，香气浓郁，适合作为园林中的观赏植物，也可用于室内盆栽观赏。

◆药用价值：精油具有镇静、抗抑郁等功效，可用于芳香疗法中。此外还具有抗菌、抗炎等作用。

◆食用价值：叶片和花朵可以用作食品的调味料。

◆其他用途：香叶天竺葵是制作精油的重要植物，可用于香水和化妆品工业，还可用于制作驱虫剂和清洁剂。

香橼 芸香科柑橘属

Citrus medica L.

◆形态特征：小乔木或灌木。叶片椭圆形。花瓣内面白色，外面淡紫色。果大，椭圆形、近圆形或两端狭的纺锤形，熟时黄色，芳香。花期4~5月，果期10~11月。

◆生长习性：喜温暖、湿润的气候，不耐寒，喜肥沃、土层深厚的砂质土壤。

◆观赏价值：花开芳香，果实金黄，适宜于庭院栽植观赏。

◆药用价值：花果均可入药，具有疏肝理气、化痰止咳等功效。

◆食用价值：成熟的香橼果可以食用，但通常较酸，可制作果酱、蜜饯或用于烹饪。

◆其他用途：果皮可提取精油，用于香水和化妆品行业。

萱草　阿福花科萱草属

Hemerocallis fulva (L.) L.

◆形态特征：多年生草本。具有短而粗壮的根状茎。叶基生成丛，条状披针形。花茎从叶丛中抽出，顶端着生大型的漏斗状或喇叭状花朵，花色多样，包括黄色、橙色、红色等，有时带有香味。花期6~8月。

◆生长习性：性强健，耐寒，适应性强，喜湿润也耐旱，喜阳光又耐半阴。对土壤选择性不强，但以富含腐殖质、排水良好的湿润土壤为好。

◆观赏价值：植株成丛，叶披针形且柔软碧绿，花大鲜艳似喇叭，观赏效果较好。适宜多丛植、片植于花境、路旁等处，亦可做疏林地被植物。

◆药用价值：根和叶可入药，有清热利尿、凉血止血等功效。

◆食用价值：花朵在某些地区被食用，用来制作汤或作为其他菜肴的装饰。

◆其他用途：萱草可作为染料使用，其花朵中含有可以提取用作黄色染料的成分。

唇形科薰衣草属 薰衣草

Lavandula angustifolia Mill.

◆形态特征：多年生草本或小矮灌木。叶线形或披针状线形，灰绿色或灰白色。穗状花序顶生，长30~50厘米，唇形花冠，有蓝紫、深紫、粉红、白等色，常见的为蓝紫色。花期6月。

◆生长习性：喜冷凉全光照气候，怕炎热酷暑，怕雨淋。

◆观赏价值：叶形花色优美典雅，沁人心脾，适宜于作花境材料和庭院栽培。

◆药用价值：薰衣草有消炎、镇静和舒缓神经的效果。

◆食用价值：干燥的薰衣草花和叶可用于制作花草茶。

◆其他用途：花中含芳香油，油是调制化妆品、皂用香精的重要原料。薰衣草的香气也具有驱虫效果。

鸭儿芹 伞形科鸭儿芹属

Cryptotaenia japonica Hassk.

◆形态特征：多年生草本。主根短，侧根多数，细长。茎直立，光滑，有分枝，表面有时略带淡紫色。叶片轮廓三角形至广卵形。小伞形花序有花2~4朵，花瓣白色。花期4~5月，果期6~10月。

◆生长习性：喜阴湿环境，适生于有机质丰富、结构疏松的微酸性砂质壤土。

◆观赏价值：叶形状奇特，青翠碧绿。适宜于布置花境、岩石园等环境，也可片植于林下或驳岸边坡，是难得的耐阴地被植物。

◆药用价值：全草入药，具有祛风止咳、利湿解毒、化瘀止痛等功效。

◆食用价值：鸭儿芹营养丰富且口味鲜美，是一种可食用的野生蔬菜。

◆其他用途：种子含油约22%，可用于制肥皂和油漆。

爵床科爵床属 鸭嘴花

Justicia adhatoda L.

◆形态特征：大灌木，高达1~3米。茎叶揉后有特殊臭气。叶对生，纸质，卵形或椭圆状卵形、披针形。穗状花序卵形或稍伸长，花冠二唇形，紫色或白色，带有黄色斑点。花形独特，酷似鸭嘴，因此得名。果近木质，花期5~9月。

◆生长习性：喜温暖、湿润的气候，喜光、耐半阴、耐热、不耐寒，适应性较强，对土壤要求不严。

◆观赏价值：花朵美丽，花色清新，花瓣顶端张开，状如鸭嘴，适宜于用作绿篱或植于庭院观赏，也适合盆栽观赏。

◆药用价值：叶片可入药，可用于治疗呼吸系统疾病，如哮喘和咳嗽。

◆食用价值：嫩叶和花可以做蔬菜。

◆其他用途：叶片可提取染料用于染色；也可作为蜜源植物，吸引蜜蜂采蜜。

烟草 茄科烟草属

Nicotiana tabacum L.

◆形态特征：一年生或有限多年生草本。根粗壮，茎基部稍木质化。叶矩圆状披针形、披针形、矩圆形或卵形。花序顶生，圆锥状，多花，花萼筒状或筒状钟形，花冠漏斗状，淡红色。蒴果卵状或矩圆状。种子圆形或宽矩圆形，褐色。夏秋季开花结果。

◆生长习性：喜温暖、向阳的环境，不耐寒，较耐热，喜肥沃、深厚、排水良好的土壤。

◆观赏价值：花朵颜色鲜艳，具有一定的观赏价值，主要作为经济作物种植，用于制作烟草产品。

◆药用价值：烟草有消肿和解毒杀虫等功效。

◆其他用途：烟草叶片经过加工后主要用于制造卷烟、旱烟、斗烟、雪茄烟等供人吸食的消费品。

烟管荚蒾 荚蒾科荚蒾属

Viburnum utile Hemsl.

◆形态特征：常绿灌木，高度可达1~2米。叶背面、叶柄和花序均被灰白色或黄白色星状毛所覆盖。叶片革质，卵状长圆形或卵圆形至卵状披针形。聚伞花序，花冠白色，花蕾时带淡红色，辐状。果实红色，后变黑色，椭圆状矩圆形至椭圆形，成熟时由红色变为黑色。花期3~4月，果期5~8月。

◆生长习性：适应性较强，耐寒、耐旱、耐半阴，对土壤的要求并不严格。

◆观赏价值：枝叶繁茂，花朵美丽，果实颜色鲜艳，常用于庭院绿化、公园造景以及城市绿化。

◆药用价值：根、叶和果实等部位均可入药，具有清热解毒、祛风活络、凉血止血等功效。

◆其他用途：茎枝在民间用来制作烟管，茎皮纤维可作麻及制绳索。

芫荽

伞形科芫荽属

Coriandrum sativum L.

◆形态特征：一年生或二年生草本植物，高20~100厘米，有强烈气味。茎圆柱形，叶片1或2回羽状全裂，羽片广卵形或扇形半裂。伞形花序顶生或与叶对生，花白色或带淡紫色。果实圆球形。花果期4~11月。

◆生长习性：喜冷凉、湿润的环境，不耐旱，怕炎热，对土壤要求不严格。

◆观赏价值：复伞形花序顶生，花白色或带淡紫色，可以作为蔬菜园或家庭菜园中的点缀植物。

◆药用价值：全草入药，具有健胃消食、促进创口恢复、发表透疹等功效。

◆食用价值：嫩茎和鲜叶有种特殊的香味，常作蔬菜及菜肴的点缀、提味之用。

◆其他用途：果实可提取芳香油，用于食品调味和制作香水；种子含油约20%，可用来提取香菜精油。

野蔷薇

蔷薇科蔷薇属

Rosa multiflora Thunb.

◆形态特征：落叶灌木，匍匐或攀缘。小叶倒卵形。花多朵排成密集的圆锥状伞房花序，花白色或略带粉红晕，具芳香。果近球形，红褐色或紫褐色，有光泽。花期5~6月。

◆生长习性：喜光，亦耐半阴，较耐寒，对土壤要求不严。

◆观赏价值：花朵繁茂，果实鲜艳，适宜于花架、绿廊、绿亭种植，也可美化墙垣。

◆药用价值：果实和根部可入药，蔷薇果被用来治疗消化不良、胃痛等病症。根部具有收敛、止泻等功效。

◆食用价值：成熟的果实可食用，常用于制作果酱、果汁或其他甜点；也可用于制作茶饮。

◆其他用途：花朵和果实可用于提取精油。

◆形态特征：多年生草本，根茎有长地下匍匐枝。茎高达1米，单生，直立，四棱形。叶对生，叶片卵形至心形，边缘有锯齿，两面被毛。花小，通常呈唇形，白色或淡紫色，排列成顶生或腋生的轮伞花序。小坚果倒卵圆形，淡褐色。花期4~6月，果期7~8月。

◆生长习性：喜湿润环境，耐寒性强，适应性较广，对土壤要求不严。

◆观赏价值：花序美丽，花色清新，可以作为地被植物或在花坛、花境中种植。

◆药用价值：全草可入药，有清热解毒、利尿消肿等功效。

◆食用价值：嫩叶可食用，具有特殊的香气，可以作为蔬菜食用，或用于制作沙拉。

◆其他用途：叶片和花朵可提取精油，用于制作香水和化妆品。

野芝麻 唇形科野芝麻属

Lamium barbatum Siebold & Zucc.

益母草 唇形科益母草属

Leonurus japonicus Houtt.

◆形态特征：一年生或二年生草本。茎直立粗壮，呈四棱形。下部叶为卵形，中部叶为菱形，揉之有汁，气味微香。轮伞花序腋生，花冠粉红至淡紫红色。小坚果长圆状三棱形。花期6~9月，果期9~10月。

◆生长习性：喜温暖潮湿的气候，喜光、怕涝，对土壤要求不严。

◆观赏价值：花朵清新淡雅，叶子碧绿，适宜栽植于花坛、花境或公园。

◆药用价值：全草入药，有活血调经、利尿消肿、清热解毒、抗凝养心等功效。

◆食用价值：嫩苗可以作为蔬菜食用。

鹰爪花

番荔枝科鹰爪花属

Artabotrys hexapetalus (L. f.) Bhandari

◆形态特征：攀缘灌木植物，高可达4米。叶革质，长圆形或阔披针形。花淡绿色或淡黄色，具有芳香，1~2朵生于钩状的花梗上，花瓣披针形。果实卵球形，数个聚生于果托上，成熟时黄色。花期5~8月，果期5~12月。

◆生长习性：喜光，但忌强光暴晒，喜温暖、湿润的环境，不耐寒，对土壤要求不严。

◆观赏价值：树形优美、枝叶繁茂、花香艳丽、果实奇特，是观赏价值较高的树种，适宜于在庭园、花坛、花境中栽植。

◆药用价值：根部含有多种化学成分，具有治疗疟疾的功效。

◆食用价值：花供熏茶用。

◆其他用途：花朵可提取精油，制鹰爪花浸膏，用于高级香水化妆品和皂用的香精原料，亦可供熏茶用。

柚子

芸香科柑橘属

Citrus maxima（Burm.）Merr.

◆形态特征：乔木，高达8米。叶宽卵形或椭圆形，叶质厚，叶色浓绿，总状花序，花蕾淡紫红色，果实大，圆球形，淡黄色或黄绿色，杂交种有朱红色。花期4~5月，果期9~12月。

◆生长习性：喜温暖湿润气候，不耐低温。不耐干旱贫瘠，喜肥沃疏松的土壤。

◆观赏价值：四季常绿，花芳香，果实硕大，观赏价值很高，适宜于园林、庭院栽植。

◆药用价值：根、叶及果皮可药用，也可用于化痰、消食、止咳等病症。柚子叶有消炎和杀菌的功效。

◆食用价值：柚子是一种著名水果，品种繁多。

◆其他用途：柚子皮可提取精油，用于香水和化妆品行业。

虞美人

Papaver rhoeas L.

◆形态特征：一二年生草本植物，全株被刚毛，虞美人株高30~60厘米，全株被刚毛，具乳汁。叶互生，不规则羽状分裂。花单生于茎或分枝的顶端，有长梗，未开放时下垂，花开后向上；花冠4瓣，薄如婵娟，有光泽，花色丰富。蒴果杯形。花果期3~8月。

◆生长习性：喜温暖阳光充足的环境，耐寒，忌高温高湿，对土壤要求不严。

◆观赏价值：花色丰富，姿态优美，薄薄的花瓣在阳光的照耀下格外美丽，观赏价值高，可成片栽植成花海景观，也可布置花坛、花境。

◆药用价值：全草可入药，有镇咳、止泻、镇痛等功效。

◆其他用途：可作为蜜源植物，吸引蜜蜂等传粉昆虫；种子含油量较高，可提取工业用油。

羽叶薰衣草 唇形科薰衣草属

Lavandula pinnata Lundmark

◆形态特征：多年生植物。叶片二回羽状深裂，叶对生。花深紫色，有深色纹路，上唇比下唇发达。花期5~6月。

◆生长习性：耐热，略喜光，夏季需遮阴。半耐寒，冬季-5 ℃低温以下要加以防护。一般置于通风处，夏季处于室内或闷湿处易死亡。

◆观赏价值：叶奇特芳香，花型紧凑，颜色深紫。适宜作花境材料、庭园栽培，亦可用于芳香疗法。

◆药用价值：提取的精油可用于制作草药和芳香疗法，有镇静和舒缓神经的效果。

◆食用价值：花可做糕饼及香草茶。

◆其他用途：花和叶可提取精油，用于香水和化妆品行业。精油的香气具有驱虫功效。

玉蝉花 鸢尾科鸢尾属

Iris ensata Thunb.

◆形态特征：多年生草本，具有明显的根状茎。叶片剑形，质地较硬，从基部簇生，绿色，有的品种叶缘有金黄色镶边。花茎从叶丛中抽出，花大而美丽，色彩丰富，有蓝、紫、黄、白等色。花期6~7月，果期8~9月。

◆生长习性：喜温暖湿润的气候，强健，耐寒性强，露地栽培时的地上茎叶不完全枯死。对土壤要求不严，在疏松、肥沃的土壤上生长良好。

◆观赏价值：花姿绰约，花色典雅，花朵硕大，色彩艳丽，园艺品种多，花形和花色变化很大，观赏价值较高；可做花境材料，适合布置水生鸢尾专类园或植于池旁、湖畔作点缀，也是切花的好材料。

◆药用价值：根状茎可入药，有清热解毒、活血消肿等功效。

◆其他用途：可作为蜜源植物，宜吸引蜜蜂等传粉昆虫；根状茎可提取染料，用于染色。

◆形态特征：落叶乔木，高达25米，阔伞形树冠。叶纸质，倒卵形，花白色，基部常带粉红色，极香。蓇葖果褐色，种子心形，具鲜红色假种皮。花期2~3月，果熟期8~9月。

◆生长习性：喜光、喜温暖湿润的气候，适宜生长于肥沃疏松的土壤。

◆观赏价值：先花后叶，早春时节白花满树，芳香四溢，非常壮观；夏秋季红色的种子鲜艳夺目。适宜于庭院、路边、建筑物前栽植观赏。

◆药用价值：花可药用和食用。

◆食用价值：花朵可食用，通常用于烹饪，如油炸、泡茶或制作糕点。

◆其他用途：花可用于提取芳香精油，用于制作香水或作为芳香疗法的原料。

木兰科玉兰属 玉兰(白玉兰)

Yulaniadenudata (Desr.) D.L.Fu

玉簪 百合科玉簪属

Hosta plantaginea（Lam.）Asch.

◆形态特征：多年生宿根草本。顶生总状花序，着花9~15朵；花白色，筒状漏斗形，有芳香。花期7~9月。

◆生长习性：性强健，耐寒冷，性喜阴湿环境，不耐强烈日光照射，要求土层深厚、排水良好且肥沃的砂壤土。

◆观赏价值：碧叶莹润，清秀挺拔，花色如玉，幽香四溢，因其花苞质地娇莹如玉，状似头簪而得名。多于林下、草坡或岩石边丛植和片植，各地公园、路边等场所常见栽培。

◆药用价值：花、根可入药，具有消肿、解毒、止血等功效。

◆食用价值：花可用于做汤、制茶等用途。

◆其他用途：花可以提取香精。

忍冬科忍冬属 郁香忍冬

Lonicera fragrantissima Lindl. ex Paxton

◆形态特征：半常绿或有时落叶灌木，高达2米。叶厚纸质或带革质，形态差异大。花先于叶或与叶同时开放，花生于幼枝基部苞腋，花冠白色或淡红色，芳香。果实鲜红色，半透明，矩圆形。种子褐色，矩圆形。花期2月中旬至4月，果熟期4月下旬至5月。

◆生长习性：适应性强，喜阳、耐阴，耐寒性强，较耐瘠薄土地，忌涝。

◆观赏价值：枝叶茂盛，花期早而芳香，夏季果实红艳，是优美的观赏灌木。适于庭院、草坪边缘、园路两侧及假山前后栽植，也可作盆景材料。

◆药用价值：根、嫩枝、叶可入药，有祛风除湿、清热止痛的功效。

◆食用价值：花阴干可以泡茶饮用。

◆其他用途：花可以提取芳香精油。

圆柏 柏科刺柏属

Juniperus chinensis Roxb.

◆形态特征：常绿乔木，高达20米。树皮深灰色纵裂。叶有刺形叶和鳞形叶两种，刺形叶通常三叶轮生；鳞形叶交互对生，条状披针形。雌雄异株，雄球花黄色，雌球花则具有珠鳞。球果近圆形，通常在2~3年后成熟，成熟时黑色或蓝黑色。

◆生长习性：适应性强，耐寒耐旱，不耐水湿，对土壤要求不严。

◆观赏价值：树形优美，叶色苍翠，是优良的园林绿化树种。常被用作庭院树、行道树，或在公园、广场等地方种植，也可作为绿篱。

◆药用价值：枝叶可供药用，具有祛风散寒、活血消肿等功效。

◆其他用途：木材质地坚硬，可用于制作家具或其他木制品。

月季 蔷薇科蔷薇属

Rosa chinensis Jacq.

◆形态特征：常绿、半常绿低矮灌木，四季开花，一般为红色或粉色，偶有白色和黄色。花期8月到次年4月，花大型，由内向外，呈发散型，有浓郁香气。

◆生长习性：适应性强，喜阳光充足，耐寒。

◆观赏价值：花色丰富、鲜艳夺目，观赏价值极高。适用于美化庭院，装点园林，布置花坛、花景，配植花篱、花架等境观。

◆药用价值：花朵和果实可入药，有调经止痛、活血化瘀等功效。

◆食用价值：花瓣可提取精油，用于制作香水和化妆品。

月见草 柳叶菜科月见草属

Oenothera biennis L.

◆形态特征：多年生草本，常作1~2年生栽培。茎直立或斜上，基生莲座叶丛紧贴地面，下部叶线状倒披针形，茎生叶螺旋状互生，披针形。花大而美丽，花黄色，傍晚至夜间开放，有清香。花期6~10月，果熟期8~11月。

◆生长习性：生性强健，喜光、耐寒、耐旱，耐瘠薄，忌积水。对土壤要求不严。

◆观赏价值：花大美丽，淡雅清香，极具观赏价值。常栽培用于园艺观赏，片植或点缀于公园、景点或道路两旁。

◆药用价值：根、叶、花都可以入药，具有祛风除湿、强壮筋骨、抗炎、抑制血小板聚集、扩张血管、降血压、降血脂等多种功效。

◆食用价值：种子可以榨油食用。

◆其他用途：花可以提制芳香油，茎皮纤维可制绳。

芸香

芸香科芸香属

Ruta graveolens L.

◆形态特征：常绿小灌木，高达1米，全株有浓烈的特殊气味。2~3回羽状复叶，小叶短钥形或窄长圆形，灰绿或带蓝绿色。花金黄色，花柱相对较短。果实球形，果皮有凸起的油点，种子肾形，褐黑色。花期3~6月及冬季末期，果期7~9月。

◆生长习性：喜光，喜温暖、湿润的气候。适应多种土壤类型，以排水良好、疏松肥沃的土壤为佳。

◆观赏价值：花金黄色，全株香味独特，常种植于庭园中，能够为环境增添一份特殊的香气及视觉效果。

◆药用价值：茎枝及叶均用作草药，有清热解毒、凉血散瘀等功效。种子可用于制作镇痉剂及驱虫剂（蛔虫）。

◆食用价值：花可以制茶等。

◆其他用途：枝叶含芳香油，是制作香料或作为某些传统工艺的原材料。种子含脂肪油。

樟（香樟）

樟科樟属

Camphora officinarum Nees

◆形态特征：常绿大乔木，树高可达30米以上。树皮幼时绿色、平滑，老时变为灰褐色、纵裂。叶互生，革质，卵形或椭圆形，全缘，表面深绿色，有光泽，背面灰绿色。圆锥花序，花小，黄绿色。果球形。花期4~5月，果期8~11月。

◆生长习性：喜温暖、湿润的气候，耐旱，较耐寒、不耐水湿。适应性较强，对土壤要求不严格。

◆观赏价值：树形美观，枝叶浓密，花果香气浓郁，是优良的园林绿化树种。

◆药用价值：树皮、叶和果实均可入药，具有祛风湿、止痛、消炎等功效。

◆其他用途：木材纹理美观、质地坚硬，可用于制作家具、雕刻等。树干和枝叶中提取的天然香料樟脑油具有清凉、驱虫、杀菌等功效。

栀子花 茜草科栀子属

Gardenia jasminoides J. Ellis

◆形态特征：常绿灌木。叶对生，革质，翠绿有光泽。花白色或乳黄色，高脚碟状，芳香。果卵形，黄色或橙红色。花期3~7月，果期5月至翌年2月。

◆生长习性：喜温暖、湿润的气候，不耐寒，不耐阳光直射，适宜稍阴的环境，喜酸性土壤。

◆观赏价值：四季常青，花白色素雅，芳香浓郁，适宜于庭园路旁花境种植，也可作花篱和盆栽观赏。

◆药用价值：果实可入药，有清热、泻火、解毒、凉血等功效。

◆食用价值：果实在食品工业中用作天然色素和香料。

◆其他用途：花可提取精油，用于制作香水、芳香疗法。

中国水仙

石蒜科水仙属

Narcissus tazetta subsp. *chinensis*（M. Roem.）Masam. & Yanagih.

◆形态特征：多年生球根草本植物。鳞茎肥大，圆锥形或卵圆形，外被黄褐色纸质薄膜。叶扁平带状。花序轴由叶丛抽出，伞房花序，小花3~7朵，白色，副冠杯形，有黄、白两色，芳香。花期1~2月。

◆生长习性：喜光，喜冷凉气候，耐寒，但不喜高温和强光。适宜生长在排水良好、肥沃的土壤中。

◆观赏价值：为中国十大名花之一，花朵美丽，素洁优雅，香气宜人，是春节前后重要的观赏花卉，常被用作室内装饰，增添节日气氛。

◆药用价值：鳞茎可以入药，具有清热解毒、活血消肿、祛风除湿、止痒等功效。鳞茎汁液可以用作外科镇痛剂。

◆其他用途：花可用于制作香精、香料，用于配制香水、香皂及高级化妆品等。

中华猕猴桃 猕猴桃科猕猴桃属

Actinidia chinensis Planch.

◆形态特征：攀缘灌木，小枝髓白色。叶纸质，卵形至长方椭圆形，顶端急尖或渐尖，基部圆形或心形。花初放时白色，后变淡黄色，有香气，花序腋生或腋外生。浆果椭圆形，被茸毛，成熟时榛褐色。花期5~6月，果熟期9~10月。

◆生长习性：喜光，也耐半阴，喜温暖、湿润的气候，耐寒性较强，对土壤要求不严格。

◆观赏价值：树形优美，叶色浓绿，花形独特芳香，果实形态可爱，适宜于庭院垂直绿化或园林种植。

◆药用价值：果实和叶片可入药，有调中理气、生津润燥、散瘀止血等功效。

◆食用价值：果实酸甜可口，营养丰富，是常见的食用水果。日常可直接食用，也可用于制作果汁、果酱或甜点。

◆其他用途：花可提取香精，木材可用于制作家具，果实也可以用于制作化妆品。

柊树 木樨科木樨属

Osmanthus heterophyllus（G. Don）P. S. Green

◆形态特征：常绿灌木或小乔木，高2~8米。树皮光滑，灰白色。叶片革质，长圆状椭圆形或椭圆形，边缘有时会有刺状齿。花序簇生于叶腋，花白色，略具芳香。果圆卵形，暗紫色。花期11~12月，果期翌年5~6月。

◆生长习性：喜光，稍耐阴，较耐寒、喜温暖、湿润的气候，适宜于排水良好、湿润且肥沃的砂壤土或壤土。

◆观赏价值：枝叶茂密，四季常青，入秋时白色花朵盛开，香气宜人，冬春季节果实斑斓可爱，常用于庭院、公园、停车场及工厂的绿化，也可作盆栽供人观赏。

◆药用价值：树皮及枝叶可入药，有补肝肾、健腰膝的功效。花有清火化痰等功效。

◆食用价值：花可以提取香料，制作蜜饯。

◆其他用途：柊树的叶片为厚革质，不易燃烧，可用作防火篱。

皱叶荚蒾(枇杷叶荚蒾)

荚蒾科荚蒾属 *Viburnum rhytidophyllum* Hemsl.

◆形态特征：常绿灌木或小乔木，高度可达4米。其幼枝、芽、叶下面、叶柄及花序均有黄白色、黄褐色或红褐色簇状毛组成的厚绒毛。叶片革质，卵状长圆形至长圆状披针形。总花梗粗壮，花冠白色，辐状。果实红色，后变黑色，宽椭圆形，无毛。花期4~5月，果熟期9~10月。

◆生长习性：喜欢温暖、湿润的环境，也耐阴，不耐涝，对土壤的要求不严。

◆观赏价值：树姿优美，叶色浓绿，秋果累累，全年可观叶、春季观花、秋季观果，是优良的园林观赏树种。

◆药用价值：枝叶具有清热解毒、疏风解表等功效；根有祛瘀消肿等功效。

◆食用价值：花可以制茶。

◆其他用途：茎皮纤维可作麻及制绳索，种子则可以用来制肥皂和润滑油。

木樨科丁香属 紫丁香

Syringa oblata Lindl.

◆形态特征：落叶灌木或小乔木，高可达5米。叶片纸质，单叶对生，卵圆形至卵状披针形。圆锥花序，花紫色、紫红色或蓝色，果倒卵状椭圆形，光滑。花期4~5月，果期6~10月。

◆生长习性：喜阳，耐寒，不耐高温高湿，喜排水良好、疏松的中性土壤。

◆观赏价值：花序大，白紫色，芳香四溢，是著名的观赏花木，适宜于庭院、林缘、园林丛植及孤植。

◆药用价值：叶及树皮可入药，有清热解毒、消炎的功效。

◆食用价值：花可泡茶。

◆其他用途：花香浓郁，可提炼芳香油。

紫花含笑 木兰科含笑属

Michelia crassipes Y.W. Law

◆形态特征：常绿小乔木或灌木，树皮灰褐色，叶革质。花极芳香，紫红色或深紫色，四季有花，聚合果。盛花期3~6月，果期8~9月。

◆生长习性：耐阴、耐寒能力比含笑强，抗病虫害能力强。

◆观赏价值：花色艳丽，香味浓郁似酒，是优良的观花植物。适宜于庭园、公园种植，于半阴花境配置。

◆药用价值：花、叶可入药，有清热解毒、消炎的功效。

◆其他用途：花朵可以提取精油。

紫花醉鱼草

玄参科醉鱼草属

Buddleja fallowiana Balf. f.&W.W.Sm.

◆形态特征：半常绿灌木，高1~5米。叶对生，纸质，披针形，灰绿色。花期极长，从春末至初霜，花开不断，圆锥花序顶生，花蓝紫色，有芳香。蒴果长卵形，种子长圆形。花期5~10月，果期9~12月。

◆生长习性：喜光，喜温暖、湿润的气候和深厚肥沃的土壤，适应性强，耐修剪。

◆观赏价值：花期长而芳香，花色艳丽，栽培简单粗放，是优良的观花灌木。适宜于庭园、公园、草坪边缘等地绿化造景或作中型绿篱。

◆药用价值：嫩茎和花可供药用，有祛风明目、退翳、止咳等功效。

◆其他用途：渔民常采其花、叶用来麻醉鱼，因此其得名醉鱼草。

紫金牛 紫金牛科紫金牛属

Ardisia japonica（Thunb.）Blume

◆形态特征：常绿亚灌木植物。近蔓生，具匍匐生根的根茎。叶对生或近轮生，花粉红至紫红色，果实红色。花期5~6月，果期11~12月。

◆生长习性：喜温暖湿润的环境，喜蔽荫，忌阳光直射。适宜生长于富含腐殖质的排水良好的土壤。

◆观赏价值：枝叶常青，入秋后果色鲜艳，经久不凋，能在郁密的林下生长，是良好的地被植物，也可用于盆栽观赏。

◆药用价值：全株可供药用，具有清热解毒、活血止痛等功效。

◆其他用途：果实鲜艳，可用作染料。

紫罗兰 十字花科紫罗兰属

Matthiola incana (L.) W. T. Aiton

◆形态特征：二年生或多年生草本，高度可以达到60厘米。茎直立，叶片长圆形至倒披针形或匙形。总状花序顶生和腋生，花多数，较大，花瓣紫红、淡红或白色，有芳香。种子深褐色，扁平近圆形状。花期4~5月。

◆生长习性：喜光、稍耐半阴，喜通风良好的环境，喜冷凉的气候，冬季喜温和，能耐短暂的低温（-5 ℃），对土壤的要求并不严格。

◆观赏价值：花朵茂盛，花色鲜艳，香气浓郁，适合盆栽观赏，也常用于布置花坛、台阶、花境等处，也可以做花束。

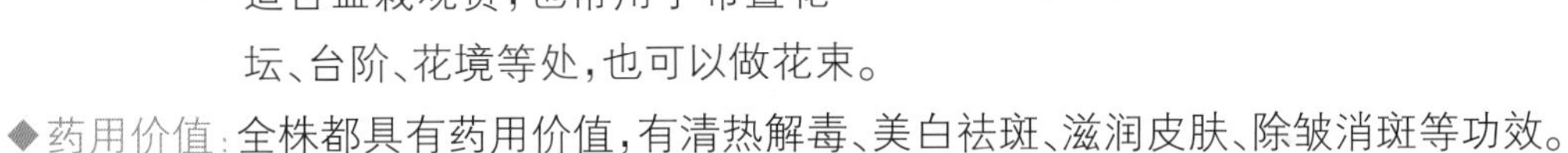

◆药用价值：全株都具有药用价值，有清热解毒、美白祛斑、滋润皮肤、除皱消斑等功效。

◆食用价值：花可食用，常用于装饰沙拉、甜点等食品。

◆其他用途：紫罗兰中提取的精油可用于制作香水和化妆品。

紫茉莉科紫茉莉属 紫茉莉

Mirabilis jalapa L.

◆形态特征：多年生宿根草本，高可达1米。茎直立，圆柱形，节稍膨大。叶片卵形或卵状三角形，全缘。花常数朵簇生于枝端，总苞钟形，花被紫红色、黄色、白色或杂色，高脚碟状。花午后开放，有香气，次日午前凋萎。花期6~10月，果期8~11月。

◆生长习性：喜温暖湿润，耐半阴、稍耐寒，不择土壤。

◆观赏价值：花色丰富，花期长，观赏效果好。布置花境、花坛或片植于林缘、路边或构筑物四周，都能起到良好的观赏效果。

◆药用价值：根、叶可入药，有清热利湿、活血调经、解毒消肿等功效。

◆其他用途：紫茉莉是一种天然的植物色素，常用作染料，为织物或其他物品着色。

紫苏 唇形科紫苏属

Perilla frutescens (L.) Britton

◆形态特征：一年生直立草本。茎高0.3~2.0米，绿色或紫色，钝四棱形。叶对生，阔卵形或圆形，边缘有粗锯齿，绿色或紫色。轮伞花序2花，花萼钟形，萼檐二唇形，花冠白色至紫红色。小坚果为近球形，灰褐色。花期8~11月，果期8~12月。

◆生长习性：喜温暖湿润的气候，喜光，也耐半阴，适应性较强，对土壤要求不严。

◆观赏价值：叶片颜色多变，味道清新，开花紫色淡雅，可作为园林中的观赏植物，也可作为室内盆栽观赏。

◆药用价值：茎叶及果实可入药，有发汗、镇咳等功效。

◆食用价值：叶常用于烹饪，可增加食物的香气；也可用于腌制，制作泡菜。种子可榨油，用于烹饪。

◆其他用途：紫苏可提取精油，用于制作香水；叶子和茎可以作为动物饲料。

紫穗槐 豆科紫穗槐属

Amorpha fruticosa L.

◆形态特征：落叶灌木，丛生，高1~4米。小枝灰褐色。叶互生，奇数羽状复叶，小叶卵形或椭圆形。穗状花序常1至数个顶生和枝端腋生，花冠紫色，荚果下垂。花果期5~10月。

◆生长习性：喜干冷气候，耐寒性强，耐干旱，对土壤要求不严。

◆观赏价值：树形美观，枝条直立匀称，花序紫色美丽，适宜于作行道树和景观林树种。

◆药用价值：叶子微苦、凉，具有祛湿消肿的功效。

◆其他用途：树叶可作绿肥，枝条用以编筐，种子可榨油。

紫藤 豆科紫藤属

Wisteria sinensis（Sims）Sweet

◆形态特征：落叶藤本。小叶纸质，呈卵状椭圆形或卵状披针形。总状花序下垂，花紫色或深紫色，具有香味。荚果倒披针形，密被白色绒毛，悬垂枝上不脱落。花期4~5月，果期5~8月。

◆生长习性：喜光，较耐阴，较耐寒，对气候和土壤适应性强。

◆观赏价值：先叶开花，紫色花穗十分美丽，果荚串串，适宜于庭院棚架种植观赏。

◆药用价值：根茎皮及种子可入药。根有清热解毒的功效，皮有杀虫止痛以及祛风通络的作用，种子有解毒止泻、舒筋活络等功效。

◆食用价值：花可以蒸食。

◆其他用途：花可提取芳香油。木材质地坚硬，可用于制作家具和工艺品。

紫菀 菊科紫菀属

Aster tataricus L. f.

◆形态特征：多年生草本，高可达60~150厘米。茎直立，多分枝，被短毛。基生叶丛生，匙状长圆形，基部渐窄成长柄，边缘有浅齿，茎生叶互生，卵形或长圆形。头状花序，红紫色，舌状花蓝紫色，中央为黄色管状花。瘦果倒卵状长圆形。花期7~8月，果期8~10月。

◆生长习性：喜光照充足的环境，也耐半阴，耐寒性强，适应性广，对土壤要求不严。

◆观赏价值：花朵繁茂，花色艳丽，花期较长，适宜于花坛、花境、庭园布置，也适合作为切花使用。

◆药用价值：根和全草均可入药，有清热解毒、止咳化痰等功效。

◆食用价值：嫩叶和未开放的花蕾可食用，可用来制作汤或作为其他菜肴的配料。

◆其他用途：花和叶可提取染料，用于染色；也可作为蜜源植物，吸引蜜蜂采蜜。

白花菜科醉蝶花属 醉蝶花

Tarenaya hasslerricma(Chodat) Iltis

◆形态特征：一二年生草本，高1~1.5米，全株被腺毛。掌状复叶，小叶5~7枚，长圆状被针形，叶柄基部有托叶刺。总状花序顶生，花白色或紫色，花瓣倒卵形，红色、淡红色或白色，花蕊突出如爪，伸出花冠之外，形似蝴蝶飞舞。花期为初夏，果期为夏末秋初。

◆生长习性：适应性强。性喜高温，较耐暑热，忌寒冷。喜光，半遮阴地亦能生长良好，对土壤要求不严。

◆观赏价值：花瓣轻盈飘逸，盛开时似蝴蝶飞舞，非常有趣，观赏价值极高。适宜于夏秋季节布置花坛、花境，也可植于疏林下或作为盆栽种植。

◆药用价值：全草入药，有祛风散寒、杀虫止痒等功效。

◆其他用途：花朵是极好的蜜源，能提取优质精油。